"十二五"国家重点图书出版规划项目配套教材

机械设计基础同步辅导与习题解析

于红英 闫 辉 主编

哈尔滨工业大学出版社

内 容 简 介

本书是根据机械设计基础课程教学的基本要求编写的,可与哈尔滨工业大学王瑜、敖宏瑞主编、哈尔滨工业大学出版社出版的《机械设计基础(第5版)》配套使用,本书体系与教材一致。全书共18章,每章分为基本要求、重点与难点、典型范例解析、习题与思考题解答、自测题和自测题参考答案6部分。通过对典型例题的讲解、习题与思考题的详细解答、学习后的自测,读者能够更准确、深入地理解和灵活地运用"机械设计基础"课程所讲述的基本原理与基本方法。

本书可作为高等院校近机类、非机类各专业学生学习"机械原理"和"机械设计"的辅助教材,同时也可供广大教师及有关工程技术人员参考。

图书在版编目(CIP)数据

机械设计基础同步辅导与习题解析/于红英,闫辉主编. —哈尔滨:哈尔滨工业大学出版社,2017.8(2023.7 重印)
ISBN 978-7-5603-6716-3

Ⅰ.机… Ⅱ.①于…②闫… Ⅲ.机械设计-高等学校-教学参考资料 Ⅳ.TH122

中国版本图书馆 CIP 数据核字(2017)第 125445 号

策划编辑 王桂芝 黄菊英
责任编辑 范业婷
出版发行 哈尔滨工业大学出版社
社　　址 哈尔滨市南岗区复华四道街10号 邮编150006
传　　真 0451-86414749
网　　址 http://hitpress.hit.edu.cn
印　　刷 哈尔滨市工大节能印刷厂
开　　本 787mm×1092mm 1/16 印张11.75 字数267千字
版　　次 2017年8月第1版 2023年7月第3次印刷
书　　号 ISBN 978-7-5603-6716-3
定　　价 28.00元

(如因印装质量问题影响阅读,我社负责调换)

前　言

　　机械设计基础课程是高等工科学校近机类、非机类专业开设的一门技术基础课。编者汇集了多年的教学经验,在深刻理解机械设计基础课程内容的基础上编写了本书。本书是王瑜、敖宏瑞主编、哈尔滨工业大学出版社出版的《机械设计基础(第5版)》配套辅导书。

　　本书紧扣教学目的与要求,按照教学章节的顺序编排,包括基本要求、重点与难点、典型范例解析、习题与思考题解答(含参考答案)、自测题(含参考答案)及自测题参考答案等几个环节,目的是帮助读者进一步理解本课程的基本内容,明确学习的基本要求,掌握重点,理解难点,通过练习加深理解,进一步巩固教材内容,掌握本门课程的基本理论、基础知识、基本方法和基本技能,从而达到良好的学习效果。

　　本书特点:

　　1. 明确每章的教学基本要求和重点教学内容,重点介绍基本概念、基本理论、基本分析方法和设计方法。

　　2. 建立明晰的知识结构框架。

　　3. 经典题型精解。详尽剖析典型例题,总结解题规律、解题思路、解题技巧。

　　4. 课后习题解答。

　　5. 自测题符合教材的重点内容,便于学习总结和自我检验。

　　参加本书编写工作的有:哈尔滨工业大学于红英(第1~4章)、王瑜(第5~8章)、任玉坤(第9~11章)、闫辉(第12~15章)、于东(第16~18章)。全书由于红英、闫辉任主编,姜洪源任主审。

　　本书可作为高等院校近机类、非机类各专业学生学习"机械原理"和"机械设计"的辅助教材,同时也可供广大教师及有关工程技术人员参考。

　　由于编者水平有限,书中难免有谬误和不妥之处,敬请读者批评指正。

编　者
2017 年 5 月

目 录

第1章 绪论 ··· 1
  1.1 基本要求 ··· 1
  1.2 重点与难点 ··· 1
  1.3 典型范例解析 ··· 1
  1.4 习题与思考题解答 ··· 2

第2章 机械设计概论 ··· 4
  2.1 基本要求 ··· 4
  2.2 重点与难点 ··· 4
  2.3 典型范例解析 ··· 8
  2.4 习题与思考题解答 ··· 9
  2.5 自测题 ··· 22
  2.6 自测题参考答案 ··· 23

第3章 平面连杆机构 ··· 25
  3.1 基本要求 ··· 25
  3.2 重点与难点 ··· 25
  3.3 典型范例解析 ··· 27
  3.4 习题与思考题解答 ··· 29
  3.5 自测题 ··· 37
  3.6 自测题参考答案 ··· 39

第4章 凸轮机构 ··· 42
  4.1 基本要求 ··· 42
  4.2 重点与难点 ··· 42
  4.3 典型范例解析 ··· 45
  4.4 习题与思考题解答 ··· 47
  4.5 自测题 ··· 59
  4.6 自测题参考答案 ··· 61

第5章 带传动与链传动 ··· 64
  5.1 基本要求 ··· 64
  5.2 重点与难点 ··· 64
  5.3 典型范例解析 ··· 65
  5.4 习题与思考题解答 ··· 66
  5.5 自测题 ··· 70
  5.6 自测题参考答案 ··· 71

第6章 齿轮传动 … 72
6.1 基本要求 … 72
6.2 重点与难点 … 72
6.3 典型范例解析 … 74
6.4 习题与思考题解答 … 75
6.5 自测题 … 84
6.6 自测题参考答案 … 85

第7章 蜗杆传动 … 87
7.1 基本要求 … 87
7.2 重点与难点 … 87
7.3 典型范例解析 … 88
7.4 习题与思考题解答 … 92
7.5 自测题 … 99
7.6 自测题参考答案 … 99

第8章 轮 系 … 100
8.1 基本要求 … 100
8.2 重点与难点 … 100
8.3 典型范例解析 … 101
8.4 习题与思考题解答 … 105
8.5 自测题 … 109
8.6 自测题参考答案 … 110

第9章 间歇运动机构 … 112
9.1 基本要求 … 112
9.2 重点与难点 … 112
9.3 典型范例解析 … 112
9.4 习题与思考题解答 … 112
9.5 自测题 … 113
9.6 自测题参考答案 … 114

第10章 螺纹连接与螺旋传动 … 115
10.1 基本要求 … 115
10.2 重点与难点 … 115
10.3 典型范例解析 … 115
10.4 习题与思考题解答 … 117
10.5 自测题 … 124
10.6 自测题参考答案 … 124

第11章 轴 … 125
11.1 基本要求 … 125
11.2 重点与难点 … 125

11.3 典型范例解析 ………………………………………………………………… 125
11.4 习题与思考题解答 …………………………………………………………… 129
11.5 自测题 ………………………………………………………………………… 134
11.6 自测题参考答案 ……………………………………………………………… 135

第12章 滚动轴承 …………………………………………………………………… 136
12.1 基本要求 ……………………………………………………………………… 136
12.2 重点与难点 …………………………………………………………………… 136
12.3 典型范例解析 ………………………………………………………………… 139
12.4 习题与思考题解答 …………………………………………………………… 141
12.5 自测题 ………………………………………………………………………… 144
12.6 自测题参考答案 ……………………………………………………………… 146

第13章 滑动轴承 …………………………………………………………………… 149
13.1 基本要求 ……………………………………………………………………… 149
13.2 重点与难点 …………………………………………………………………… 149
13.3 典型范例解析 ………………………………………………………………… 150
13.4 习题与思考题解答 …………………………………………………………… 151
13.5 自测题 ………………………………………………………………………… 152
13.6 自测题参考答案 ……………………………………………………………… 152

第14章 联轴器、离合器和制动器 ………………………………………………… 154
14.1 基本要求 ……………………………………………………………………… 154
14.2 重点与难点 …………………………………………………………………… 154
14.3 典型范例解析 ………………………………………………………………… 154
14.4 习题与思考题解答 …………………………………………………………… 154
14.5 自测题 ………………………………………………………………………… 157
14.6 自测题参考答案 ……………………………………………………………… 157

第15章 弹 簧 ………………………………………………………………………… 159
15.1 基本要求 ……………………………………………………………………… 159
15.2 重点与难点 …………………………………………………………………… 159
15.3 典型范例解析 ………………………………………………………………… 159
15.4 习题与思考题解答 …………………………………………………………… 160
15.5 自测题 ………………………………………………………………………… 161
15.6 自测题参考答案 ……………………………………………………………… 161

第16章 机架零件 …………………………………………………………………… 163
16.1 基本要求 ……………………………………………………………………… 163
16.2 重点与难点 …………………………………………………………………… 163
16.4 习题与思考题解答 …………………………………………………………… 164
16.5 自测题 ………………………………………………………………………… 165
16.6 自测题参考答案 ……………………………………………………………… 165

第17章 机械速度波动调节和回转件的平衡 ... 166
17.1 基本要求 ... 166
17.2 重点与难点 ... 166
17.3 典型范例解析 ... 167
17.4 习题与思考题解答 ... 170
17.5 自测题 ... 174
17.6 自测题参考答案 ... 174

第18章 机械传动系统方案设计 ... 175
18.1 基本要求 ... 175
18.2 重点与难点 ... 175
18.3 典型范例解析 ... 175
18.4 习题与思考题解答 ... 176

参考文献 ... 178

第1章 绪 论

1.1 基本要求

(1) 明确本课程的研究对象和内容。
(2) 熟悉本课程的性质和任务。
(3) 掌握本课程的学习方法。
(4) 熟悉机械的组成。

1.2 重点与难点

1.2.1 重 点

(1) 本课程的研究对象和内容。
(2) 本课程的性质和任务。
(3) 本课程的学习方法。
(4) 机械的组成。

1.2.2 难 点

1. 构件与机构概念

(1) 构件。在机械设备中,有些零件是作为一个独立的运动单元而运动的,而有些零件则是刚性地连接在一起,共同组成一个独立的运动单元体而运动的。机械中的每个独立的运动单元称为构件。
(2) 机构。一个具有确定相对运动的构件的组合体称为机构。

2. 机械的组成

(1) 任何一个完整的机械系统通常由原动机、传动装置、工作机和控制系统四大基本部分组成。
(2) 任何机械设备都是由许多机械零部件组成的。
(3) 从运动的观点来看,任何机械都是由构件组成的。

1.3 典型范例解析

例 1.1 试说明图 1.1 所示的矿石球磨机的组成,并说明各组成部分的功用。
【答】 控制系统用于协调机器各组成部分之间的工作以及与外部其他机器或原动

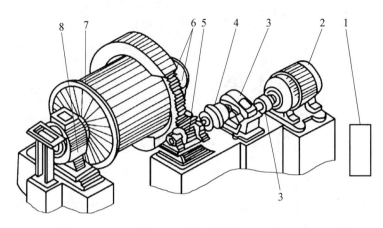

图 1.1 矿石球磨机
1—控制系统;2—电动机;3—减速器;4—联轴器;5、6—齿轮;7—球磨滚筒;8—滑动轴承

机之间的关系;电动机是原动机,为球磨机工作提供动力;减速器、齿轮和联轴器是传动装置,将原动机的运动和动力传递给工作机;球磨滚筒和滑动轴承是工作机,实现对矿石的粉碎。

1.4 习题与思考题解答

习题 1.1 指出下列机器的动力部分、传动部分和执行部分:(1)汽车;(2)自行车;(3)车床;(4)电风扇。

【答】 汽车、自行车、车床及电风扇的组成部分见表 1.1。

表 1.1 汽车、自行车、车床及电风扇的组成部分

机器名称	动力部分	传动部分	执行部分
汽车	发动机	变速箱、传动轴	轮胎
自行车	人力	链条及链轮	车轮
车床	电动机	床头箱、走刀箱、溜板箱	卡盘、刀架
电风扇	电动机	转子(摇头)	风扇叶轮

习题 1.2 本课程的任务是什么?

【答】 本课程的主要任务是:

(1)初步树立正确的设计思想。

(2)掌握常用机构和通用机械零部件的设计或选用的理论与方法,了解机械设计的一般规律,具有设计机械系统方案、机械传动装置和简单机械的能力。

(3)具有计算能力、绘图能力和运用标准、规范、手册、图册查阅有关技术资料的能力。

(4)掌握本课程实验的基本知识,获得实验技能的基本训练。

(5)对机械设计的新发展有所了解。

习题 1.3 学习本课程应注意哪些方面？

【答】 学习本课程时应注意以下几个方面：

（1）注重理论联系实际。

（2）抓住设计这条主线，掌握常用机构及机械零部件的设计规律。

（3）努力培养解决工程实际问题的能力。

（4）综合运用先修课程的知识解决机械设计中的问题。

第 2 章 机械设计概论

2.1 基本要求

(1) 掌握机械设计的基本要求及一般过程。
(2) 掌握机械零件的主要失效形式、设计准则及机械零件的结构工艺性。
(3) 了解钢的热处理方法及应用。
(4) 了解互换性的基本概念及作用,公差、偏差、配合的基本概念和选用原则,误差、精度的基本概念。
(5) 了解尺寸公差与配合的选用与标注。
(6) 了解表面粗糙度的选用与标注。
(7) 了解形位公差的选用与标注。
(8) 掌握运动副的概念和运动副的分类。
(9) 掌握机构运动简图的绘制。
(10) 掌握机构自由度的计算和机构具有确定运动的条件。
(11) 掌握速度瞬心在平面机构速度分析中的应用。
(12) 了解现代设计方法。

2.2 重点与难点

2.2.1 重 点

(1) 机械设计的基本要求及一般过程。
(2) 机械零件的主要失效形式、设计准则及机械零件的结构工艺性。
(3) 运动副及其分类。
(4) 机构运动简图的绘制步骤。
(5) 平面机构自由度的计算。
(6) 机构具有确定运动的条件。

2.2.2 难 点

1. 钢的热处理、表面化学热处理及金属零件的表面处理

(1) 钢的热处理。

钢的热处理是对钢在固态范围内施以不同形式的加热、保温和冷却,从而改变(或改善)其组织结构,以达到预期性能的操作工艺。热处理的方法有退火、正火、淬火、回火、表面淬火和表面化学热处理。

目的:提高钢的机械性能,增加钢的寿命和耐磨性等。

(2) 金属零件的表面处理。

金属零件的表面处理就是在金属表面附上一层覆盖层,以达到防腐、改善性能及装饰的作用。金属零件的表面处理通常分为电镀、化学处理和涂漆三种。

注意:钢的热处理与金属零件表面处理是不同的,热处理一般不改变零件的形状及化学成分(只有通过表面化学热处理,使得某些元素渗入钢的表面时,才改变表面的化学成分),但是组织结构却随着加热温度与冷却速度的不同而发生变化,即热处理改变钢内部的组织结构。表面处理则不改变零件内部的组织结构及化学成分,只在零件表面形成一层保护膜,主要是为了美观或防锈。

2. 尺寸公差与配合中涉及的概念

(1) 尺寸。

① 公称尺寸。由图样规定确定的理想形状要素的尺寸。

② 实际尺寸。通过实际测量得到的尺寸。

③ 极限尺寸。允许尺寸变动的两个极限值。

(2) 公差。

① 尺寸公差。允许尺寸的变动范围。

② 形状公差。允许形状的变动范围。

③ 位置公差。允许位置的变动范围。

(3) 尺寸偏差。

① 上偏差。上极限尺寸与其公称尺寸的代数差。

② 下偏差。下极限尺寸与其公称尺寸的代数差。

③ 极限偏差。上偏差和下偏差统称为极限偏差。

④ 实际偏差。实际尺寸与公称尺寸的代数差。

(4) 零线与公差带。

① 零线。在公差与配合图解(简称公差带图)中,确定偏差的一条基准直线称为零线。通常用零线来表示公称尺寸(基本尺寸)。

② 公差带。在公差带图中,代表上、下偏差的两条直线所限定的一个区域称为公差带或公差带图。

(5) 配合。

① 配合的概念:指公称尺寸相同、相互结合的孔和轴公差带之间的关系。

② 配合的分类。

a. 间隙配合。具有间隙(包括最小间隙等于零)的配合。其特点是孔的公差带在轴的公差带之上。

b. 过盈配合。具有过盈(包括最小过盈等于零)的配合。其特点为孔的公差带在轴的公差带之下。

c. 过渡配合。可能具有间隙或过盈的配合。此时,孔的公差带与轴的公差带相互交叠。

(6) 基准制。以两个相配零件中的一个零件为基准件,并选定标准公差带,然后按使用要求的最小间隙(或最小过盈)确定非基准件的公差带位置,从而形成各种配合的一种制度。

① 基孔制。将孔的公差带位置固定不变,而变动轴的公差带位置,以得到松紧不同配合的一种制度。

② 基轴制:将轴的公差带位置固定不变,而变动孔的公差带位置,以得到松紧不同配合的一种制度。

3. 构件与零件的区别

零件是加工制造的单元,而构件是作为一个整体参与运动的单元。一个构件可能是一个零件,也可能是若干个零件的刚性组合。本书中,将构件视为刚体,且不考虑构件本身的材料、形状和截面尺寸,这一点与理论力学课程相似。初学者往往由于区分不清构件与零件的区别,而在绘制机构运动简图和计算自由度时出错,因此要特别注意。

4. 运动副的概念

两个构件直接接触而形成的一种可动连接称为运动副。这一定义包含三层含义:

(1) "副"是"成对"的意思,只有两个构件,才能构成一个运动副,一个构件,不存在运动副,两个以上的构件,则构成多个运动副,如复合铰链。

(2) 两个构件只有通过直接接触,才能成"副",由于直接接触,使构件的某些独立运动受到约束,两构件间相对的运动自由度便随之减少,一旦脱离接触,约束即不复存在,则它们所构成的运动副亦随之消失。

(3) 直接接触的两个构件之间要能产生一定形式的相对运动,形成可动连接,才能称为运动副。如果两个构件之间形成的是不能产生相对运动的"死"连接,则二者将合成为一个构件,它们之间也就不存在运动副。

5. 机构运动简图的绘制

当研究机构的运动时,为了使问题简化,常用一些简单的线条和规定的符号来表示运动副和构件,并按比例定出各运动副的位置,这种说明机构各构件间相对运动关系的简单图形,称为机构运动简图。机构运动简图既要简洁,又要在讨论和评价设计方案时能正确表达其设计思想;在计算自由度时,不至于数错构件数和运动副数;在做运动分析和力分析时,能保证计算无误,所以机构运动简图应能正确表达出机构由哪些构件组成、构件间用什么运动副相连接及各运动副之间的尺寸等,即表达出机构的组成形式,显示出其设计方案。

(1) 绘制运动副时的注意事项。

① 绘制转动副时,代表转动副小圆的圆心必须与回转中心重合;两个转动副中心连线的长度一定要精确。偏心轮和圆弧形滑块是转动副的特殊形式。它们的绘制是易错点。绘制时关键是要找出相对转动中心。

② 绘制移动副时,导路的方向和位置是关键。必须注意:代表移动副的滑块,其导路的方向必须与相对移动的方向一致;导路间的夹角要精确;转动副与移动副导路间的距离要精确,若某一构件分别以转动副和移动副与另两个构件相连接,且转动副的回转中心不在移动副的导路上,则应标出转动副与导路的距离,即偏心距 e。

(2) 绘制构件时的注意事项。

① 对于任意形状的构件,当它只以两个转动副与其他构件相连接,且外形轮廓也不以高副与其他构件相接触时,简图中只需以两个转动副几何中心的连线代表此构件即可。

② 尽量减少构件前后重叠时虚线可能引起的误会。例如,有时可变通地把小齿轮或外形小的凸轮、棘轮等移至大齿轮的前面,即画成实线,这在机械制图中是绝对不允许的,但在绘制机构运动简图时,只要不影响表达机构的组成和运动特性,这种变通是允许的。

③ 当同一轴上安装若干零件时,必须明确表明哪些零件为同一构件。当不便以焊接符号表示时,还可用构件编号来表达,即不同构件标不同编号,同一构件中的不同零件(例如固结于同一轴上的大、小齿轮或齿轮与凸轮),则标以同样的构件编号,并在编号右上角加上角标,以示区别。

(3) 绘制机构运动简图时的注意事项。

① 机构运动简图、机构示意图和机械系统示意图的区别。

当设计者只是为了表达机构的组成、讨论初步的设计构思和表达机构的动作原理且不需精确进行运动学、动力学计算时,可不必严格地按比例绘制运动副的精确位置和构件的准确尺寸,只需绘制机构示意图。在正式提交设计方案或要做定量的运动分析和动力分析时,则必须严格按比例绘制机构运动简图。这两种图形一般只绘制某个或几个执行机构、传动机构或驱动机构。当需要包含从原动机开始的整个传动装置、工作机时,则需要绘制机械系统示意图,其绘制方法与机构示意图相同。

② 绘制机构运动简图的步骤。

a. 分析机械的实际工作情况,确定原动件、机架、从动件系统及其最后的执行构件。然后,搞清楚原动件和输出构件之间运动的传递路线,组成机构的构件数目及连接各构件的运动副的类型和数目,测量出各个构件与运动有关的尺寸。

b. 恰当地选择投影面,一般可以选择机构的多数构件的运动平面作为投影面。必要时也可以就机构的不同部分选择两个或两个以上的投影面,然后展到同一图面上,或者把主机构运动简图上难以表示清楚的部分另绘成局部简图。

c. 选择适当的比例,定出各运动副的相对位置,以简单的线条和规定的符号绘出机构运动简图。

6. 机构自由度的计算

机构具有确定运动的条件是:机构的自由度数目大于零件,原动件数目等于机构的自由度数。机构自由度的计算错误将会导致对机构运动的可能性和确定性的误判,从而影响设计工作的正常进行,因此在计算机构自由度时,应注意如下几点:

(1) 正确运用平面机构自由度计算公式。

计算平面机构自由度时,必须考虑各注意事项。

(2) 搞清楚构件、运动副及约束的概念。

只有搞清楚构件、运动副及约束的概念,才能正确判断活动构件数、运动副的类型和各类运动副的数目。构件是独立的运动单元体。对于好像能独立运动而实际上不能做相对运动的所谓"构件"的组合应看作一个构件,如固结在同一轴上的凸轮和齿轮,同轴同速转动,应视为一个构件。运动副是指两个构件直接接触形成的可动连接。要构成运动副必须满足以下条件:要有两个构件相接触,一个构件构不成运动副,两个以上的构件在一处接触可能构成多个运动副;两构件要直接接触,否则不可能对构件的某些独立运动产生约束或限制,不能形成运动副;两构件要形成可动连接,若形成不可相对运动的连接,则这种连接称为固结,这两个"构件"实际上为一个构件。

(3) 准确识别和正确处理机构中存在的复合铰链、局部自由度和虚约束。

准确识别且正确处理复合铰链、局部自由度和虚约束,是自由度计算中的难点,也是容易出现错误的地方。

① 复合铰链是指两个以上的构件在同一处以转动副相连接时组成的运动副。复合铰链是画机构运动简图简化的结果,由 m 个构件组成的复合铰链包含 $m-1$ 个转动副。准确识别复合铰链的关键是要分辨哪几个构件在同一处形成了转动副。

② 局部自由度是指不影响整个机构运动的自由度。局部自由度一般出现在为减小高副元素间摩擦磨损而将滑动摩擦变为滚动摩擦所增加的滚子处,在计算机构自由度时,通常可舍弃局部自由度,将滚子与从动件固连在一起。

③ 虚约束是机构中存在的不产生实际约束效果的重复约束。虚约束是在特定条件下产生的,在计算机构自由度时一般应该先找出虚约束,并将其去除,这样可避免判断复合铰链时所产生的错误。常见的虚约束有以下几种情况:

a. 当两个构件组成多个移动副且其导路互相平行或重合时,则只有一个移动副起约束作用,其余都是虚约束。

b. 当两个构件构成多个转动副且轴线互相重合时,则只有一个转动副起作用,其余的转动副都是虚约束。

以上两种情况可以总结为:**两个构件只能组成一个运动副,多余的运动副都是虚约束。**

c. 如果机构中两活动构件上某两点间的距离始终保持不变,此时若用具有两个转动副的附加构件来连接这两个点,将会引入一个虚约束。必须注意,为使两动点间的距离始终保持不变,除要求它们具有相同的轨迹之外,还必须有相同的运动规律。

d. 机构中对运动起重复限制作用的对称部分,也往往会引入虚约束。

2.3 典型范例解析

例 2.1 如图 2.1 所示,已知:$DE = FG = HI$,且相互平行;$DF = EG$,且相互平行;$DH = EI$,且相互平行。计算此机构的自由度(若存在局部自由度、复合铰链和虚约束,请指出)。

【解】 这是一道计算机构自由度的典型例题。由于 $DFHIGE$ 的特殊几何关系,构件 FG 的存在只是为了改善平行四边形 $DHIE$ 的受力状况,对整个机构的运动不起约束作用,故 FG 杆及其两端的转动副所引入的约束为虚约束。D、E 两处为复合铰链。滚子绕自身几何中心 B 的转动自由度为局部自由度。在计算机构自由度时,去除 FG 杆及其带入的约束、去除滚子引入的局部自由度并将其与杆 2 固连,得到图 2.2(a)。另外,本题也可以看成杆 DE 及其两端的转动副是虚约束,去除 DE 杆及其带入的约束,此时 D、E 两处

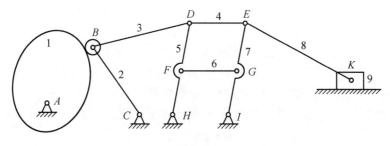

图 2.1

不是复合铰链,去除滚子引入的局部自由度并将其与杆 2 固连,得到图 2.2(b)。由此可见,在进行机构自由度计算时,判断虚约束是至关重要的,它决定着复合铰链的存在与否。

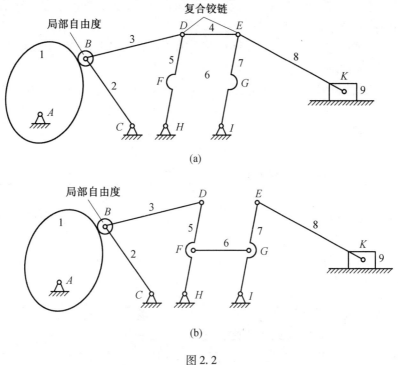

图 2.2

对于图 2.2(a)和图 2.2(b),$n=8$,$P_L=11$,$P_H=1$,所以机构的自由度为
$$F = 3n - 2P_L - P_H = 3\times 8 - 2\times 11 - 1 = 1$$

2.4 习题与思考题解答

习题 2.1 简述机械设计的一般步骤。

【答】 机械设计的一般步骤为:(1)确定设计任务书;(2)总体方案设计;(3)技术设计;(4)编制技术文件;(5)技术审定和产品鉴定。

习题 2.2 什么是零件的标准化,标准化的意义是什么?

【答】 (1)零件的标准化是指对机械零件的种类、尺寸、结构要素、材料性能、检验方法、设计方法、公差与配合、制图规范等制定出大家共同遵守的标准。它的基本特征是统一、简化。

(2) 标准化的意义是:① 能以最先进的方法在专门化工厂中对那些用途最广泛的零部件进行大量的、集中的制造,以提高质量、降低成本;② 能统一材料和零部件的性能指标,使其能够进行比较,以提高零部件的性能和可靠性;③ 采用了标准结构和标准零部件,可以简化设计工作,缩短设计周期,便于设计者把主要精力用在关键零部件的设计上,从而提高设计质量。同时也便于互换及机械的维修。

习题2.3 机械零件的主要失效形式有哪些,防止机械零件发生失效的设计计算准则有哪些?

【答】(1) 机械零件的主要失效形式有:断裂及塑性变形、过大的弹性变形、表面失效——如磨损、疲劳点蚀、胶合、塑性流动、压溃和腐蚀等,以及破坏正常工作条件引起的失效——如带传动中的打滑、受压杆件的失稳等。

(2) 防止机械零件发生失效的设计计算准则有:强度准则、刚度准则、寿命准则、振动稳定性准则和可靠性准则等。

习题2.4 设计机械零件时,应从哪几方面考虑其结构工艺性?试举例并画图说明。

【解】(1) 零件的结构工艺性应从毛坯制造、热处理、机械加工和装配等几个生产环节加以综合考虑。

(2) 设计机械零件时所要考虑的零件结构工艺性举例见表2.1。

表2.1 零件结构工艺性举例

工艺	要注意的问题	举例		改进后结构的优点
		错误结构	正确结构	
铸造工艺	要有拔模斜度和加强筋,避免缩孔和缩松,零件截面厚度不宜太大等			避免缩孔,减轻质量,增加强度和刚度
锻造工艺	要有拔模斜度和加强筋,形状要对称等			形状对称,有拔模斜度,便于锻造
焊接工艺	减小应力集中,尽量不开坡口,使未焊的一侧不受拉应力等			去除焊缝交叉处筋板的角,可减小内应力

第 2 章 机械设计概论

续表 2.1

工艺	要注意的问题	举例		改进后结构的优点
		错误结构	正确结构	
热处理工艺	零件要有倒角和圆角,以减小应力集中,对于截面厚度大的零件,要开工艺孔等			将尖角和棱角倒圆或倒角,减小应力集中,避免淬火时开裂
机械加工工艺	减少精车长度,尽量一次装夹和一次走刀等			只需一次装夹,并易保证孔的同轴度
装配工艺	要保证零件能装拆,避免两平面同时接触,定位销要同侧布置或非对称布置等	$a=b$	定位销同侧布置或使 $a \neq b$	将定位销同侧布置或使 $a \neq b$,可保证装配精度

习题 2.5 金属材料有哪些基本的机械性能和工艺性能?

【答】 (1) 金属材料的机械性能是指在外力作用下表现出来的特性,如弹性、塑性、刚度、强度和硬度等。

(2) 金属材料的工艺性能是指金属材料所具有的能够适应各种加工工艺要求的能力,如铸造性、锻造性、焊接性、切削加工性等。

习题 2.6 何谓钢的热处理? 钢的热处理有哪几种?

【答】 (1) 钢的热处理是指将钢在固态范围内施以不同形式的加热、保温和冷却,从而改变(或改善)其组织结构,以达到预期性能的操作工艺。

(2) 钢的热处理方法有退火、正火、淬火、回火、表面淬火及表面化学热处理。

习题 2.7 金属零件表面处理的目的是什么? 处理方法有哪些?

【答】 (1) 金属零件表面处理的目的是防腐、改善性能及装饰。

(2) 金属零件表面处理的方法有电镀、化学处理和涂漆三种。

习题 2.8 按钢的质量,碳素钢可分为几大类? 各类钢的应用范围如何?

【答】 按钢的质量,碳素钢可分为以下四类:

(1) 普通碳素结构钢:Q195 和 Q215 主要用于制造薄板、焊接钢管、铁丝和钉等;Q255 和 Q275 主要用于制造强度要求较高的某些零件,如拉杆、连杆、轴等。

(2) 优质碳素结构钢:根据碳的质量分数又可分为低碳钢($w(C)<0.25\%$)、中碳钢($w(C)=0.25\%\sim0.60\%$)和高碳钢($w(C)>0.60\%$)。低碳钢强度低,而塑性、韧性好,易于冲压加工,主要用于制造受力不大、不需淬火的零件,如螺钉、螺母、冲压件和焊接件等。中碳钢强度较高,塑性和韧性也较好,一般需经正火或调质后使用,多用于制造齿轮、丝杠、连杆和各种轴类零件等。高碳钢热处理后,具有较高的强度和良好的弹性,但切削性、淬透性和焊接性差,主要用于制造弹簧和易磨损的零件。

(3) 碳素铸钢:主要用于制造承受重载的大型零件,较少受尺寸、形状和质量的限制。

(4) 碳素工具钢:通常指碳的质量分数为 0.65%~1.35% 的高碳钢,主要用于制造刀具、量具和模具等。

习题 2.9 钢、合金钢与铸铁的牌号是怎样表示的?说明下列牌号金属材料的含义及主要用途:45、T10A、HT150、5CrMnMo、2Cr13、Q195、20Mn2、40Cr、65Mn、GCr15、9SiCr、W18Cr4V。

【答】 (1) 钢、合金钢与铸铁的牌号表示方法。

① 钢。

普通碳素结构钢:牌号是由屈服极限"屈"字汉语拼音的首位字母 Q、屈服极限数值、质量等级符号(A、B、C、D)、脱氧方法等四部分按顺序组成,如 Q195 表示屈服极限数值为 195 MPa。

优质碳素结构钢:牌号用两位数字表示,这两位数字表示钢中平均碳的质量分数的万分数,如 45 钢表示平均碳的质量分数为 0.45%。

铸钢:牌号以"ZG"表示,后面的两组数字分别表示其屈服极限和抗拉强度值,如 ZG310-570。

碳素工具钢:牌号用"T"表示,后面的数字表示碳的质量分数的千分数,例如 T10 表示碳的质量分数为 1% 的普通碳素工具钢。高级优质钢的后面加注"A",如 T10A。

② 合金钢。

合金结构钢:牌号用"两位数字+合金元素符号+数字"表示。前面的两位数表示碳的质量分数的万分数,合金元素符号后的数字表示该元素的质量分数,$w(C)<1.5\%$ 的元素,后面不加注数字。如 30SiMn2MoV,其成分为:$w(C)=0.26\%\sim0.33\%$,$w(Mn)=1.6\%\sim1.8\%$,$w(Si)$、$w(Mo)$、$w(V)$ 均小于 1.5%。

合金工具钢:a. 合金工具钢钢号的平均碳的质量分数为 1.0% 时,不标出碳的质量分数;当平均碳的质量分数小于 1.0% 时,以千分之几表示。例如 Cr12、CrWMn、9SiCr、3Cr2W8V。b. 钢中合金元素质量分数的表示方法基本与合金结构钢相同。但对铬质量分数较低的合金工具钢钢号,其铬的质量分数以千分之几表示,并在表示质量分数的数字前加"0",以便于区别一般元素的质量分数按百分之几表示的方法。例如 Cr06。c. 高速工具钢的钢号一般不标出碳的质量分数,只标出各种合金元素平均的质量分数的百分之几。例如钨系高速钢的钢号表示为"W18Cr4V"。钢号冠以字母"C"者,表示其碳的质量分数大于未冠"C"的通用钢号。

不锈钢和耐热钢:钢号中碳的质量分数以千分之几表示。例如"2Cr13"钢的平均碳的质量分数为 0.2%,若钢中碳的质量分数为 0.03% 或为 0.08%,则钢号前分别冠以"00"及"0"表示,例如 00Cr17Ni14Mo2、0Cr18Ni9 等。

③ 铸铁。

灰口铸铁：牌号用"HT"及最低抗拉强度的一组数字表示，如 HT150 表明最低抗拉强度为 150 MPa 的灰口铸铁。

可锻铸铁：牌号由"KT"及两组数字组成，如 KT300-06 表示它的最低抗拉强度为 300 MPa，延伸率 $\delta \geqslant 6\%$。

球墨铸铁：牌号由"QT"及两组数字组成，两组数字仍分别表示最低抗拉强度和延伸率，例如 QT600-3，其最低抗拉强度为 600 MPa，延伸率 $\delta \geqslant 3\%$。

（2）说明下列牌号金属材料的含义及主要用途。

45：优质碳素结构钢，平均碳的质量分数为 0.45%，常用于制造比较重要的机械零件。

T10A：表示碳的质量分数为 1% 的高级优质碳素工具钢，主要用于制造切削刀具、量具、模具和耐磨工具。

HT150：最低抗拉强度为 150 MPa 的灰口铸铁，主要用于受力不大、冲击载荷小、需要减振或耐磨的各种零件，如机床床身、机座、箱壳、阀体等。

5CrMnMo：$w(C)$ 为 0.5% ~ 0.6% 和 $w(Cr)$、$w(Mn)$、$w(Mo)$ 均小于 1.5% 的合金工具钢，主要用于制造热模具。

2Cr13：$w(C)$ 为 0.16% ~ 0.25% 和 $w(Cr)$ 为 12% ~ 14% 的不锈钢，常用于抵抗空气、水、酸、碱类溶液的腐蚀。

Q195：屈服极限数值为 195 MPa 的普通碳素结构钢，主要用于制造薄板、焊接钢管、铁丝和钉等。

20Mn2：$w(C)$ 为 0.15% ~ 0.25% 和 $w(Mn)$ 为 1.6% ~ 1.8% 合金结构钢，用于表面耐磨并承受动力载荷的零件，如可用来制造齿轮、凸轮、轴、销等。

40Cr：$w(C)$ 为 0.37% ~ 0.4% 和 $w(Cr)<1.5\%$ 的合金结构钢，可用于制造高强度、高韧性的零件，如主轴、齿轮等。

65Mn：$w(C)$ 为 0.6% ~ 0.7% 和 $w(Mn)<1.5\%$ 的弹簧钢，可用于制造各类弹性零件。

GCr15：$w(C)$ 为 0.95% ~ 1.05% 和 $w(Cr)$ 为 1.4% ~ 1.65% 的轴承钢，主要用于制造滚珠、套圈、导轨等。

9SiCr：$w(C)$ 为 0.85% ~ 0.95%、$w(Si)$ 和 $w(Cr)$ 小于 1.5% 的模具钢，主要用于制造冷模具，如落料模、冷冲模、冷挤压模等。

W18Cr4V：$w(C)$ 为 0.7% ~ 0.8%、$w(W)$ 为 17.5% ~ 19%、$w(Cr)$ 为 3.8% ~ 4.4% 和 $w(V)<1.5\%$ 的高速工具钢，主要用于制造形状复杂的小型刀具。

习题 2.10 钢和铸铁的区别是什么？

【答】 钢和铸铁的主要区别是碳的质量分数不同，碳的质量分数为 0.02% ~ 2.11% 的铁碳合金称为钢，碳的质量分数大于 2.11% 的铁碳合金称为铸铁。

习题 2.11 有下列零件，试选用它们的材料：轴、螺栓、铣刀、冲模、齿轮、滚动轴承、滑动轴承、弹簧、机架。

【答】 轴可选用中碳钢，如 45 钢；螺栓可选用低碳钢，如 20 钢；铣刀可选用刀具钢，如 W18Cr4V 钢；冲模可选用模具钢，如 Cr12MoV 钢；齿轮可选用中碳钢，如 45 钢；滚动轴承可选用轴承钢，如 GCr15；滑动轴承可选用轴承合金，如 ZCnPbSn16-16；弹簧可选用弹簧钢,如65Mn;机架可选用铸铁,如HT300。

习题 2.12 互换性在机械制造中有何重要意义?

【答】 (1)有利于组织专业化生产;(2)产品设计时可采用标准的零部件、通用件,简化了设计和计算过程,缩短了设计周期;(3)设备修理时由于能迅速更换配件,因而减少了修理时间和费用,同时也能保证设备原有的性能。

习题 2.13 何谓完全互换?何谓不完全互换?

【答】 (1)完全互换:若从同一规格的一批零件中任取一件,不经任何修配就能装到部件或机器上,且能满足规定的性能要求,则这种互换称为完全互换。

(2)不完全互换:若把一批两种互相配合的零件分别按尺寸大小分为若干组,在一个组内零件才具有互换性,或者虽不分组,但需做少量修配和调配工作,才具有互换性,这种互换称为不完全互换。

习题 2.14 求下列轴、孔的上偏差、下偏差、公差、最大间隙(或过盈)、最小间隙(或过盈)、配合公差,并画出公差与配合图解。基本尺寸均为 30 mm。

(1) $D_{max} = 30.052$ mm, $D_{min} = 30$ mm; $d_{max} = 29.935$ mm, $d_{min} = 29.883$ mm。

(2) $D_{max} = 30.013$ mm, $D_{min} = 30$ mm; $d_{max} = 30.024$ mm, $d_{min} = 30.015$ mm。

【解】(1) $ES = D_{max} - D = 30.052$ mm $- 30$ mm $= 0.052$ mm

$EI = D_{min} - D = 30$ mm $- 30$ mm $= 0$ mm

$T_D = D_{max} - D_{min} = 30.052$ mm $- 30$ mm $= 0.052$ mm

$es = d_{max} - d = 29.935$ mm $- 30$ mm $= -0.065$ mm

$ei = d_{min} - d = 29.883$ mm $- 30$ mm $= -0.117$ mm

$T_d = d_{max} - d_{min} = 29.935$ mm $- 29.883$ mm $= 0.052$ mm

$X_{max} = D_{max} - d_{min} = 30.052$ mm $- 29.883$ mm $= 0.169$ mm

$X_{min} = D_{min} - d_{max} = 30$ mm $- 29.935$ mm $= 0.065$ m

公差与配合图解如图 2.3(a)所示。

(2) $ES = D_{max} - D = 30.013$ mm $- 30$ mm $= 0.013$ mm

$EI = D_{min} - D = 30$ mm $- 30$ mm $= 0$ mm

$T_D = D_{max} - D_{min} = 30.013$ mm $- 30$ mm $= 0.013$ mm

$es = d_{max} - d = 30.024$ mm $- 30$ mm $= 0.024$ mm

$ei = d_{min} - d = 30.015$ mm $- 30$ mm $= 0.015$ mm

$T_d = d_{max} - d_{min} = 30.024$ mm $- 30.015$ mm $= 0.009$ mm

$Y_{max} = D_{min} - d_{max} = 30$ mm $- 30.013$ mm $= -0.013$ mm

$Y_{min} = D_{max} - d_{min} = 30.013$ mm $- 30.015$ mm $= -0.002$ mm

公差与配合图解如图 2.3(b)所示。

习题 2.15 孔与轴的配合,为何要优先采用基孔制?

【答】 因为孔比轴要难加工得多,尤其是精密孔的加工,需要多种基本尺寸相同而极限尺寸不同的刀具(如铰刀、拉刀等)和塞规,这样不仅非常麻烦,而且制造成本将很高,所以一般情况下应优先选用基孔制。

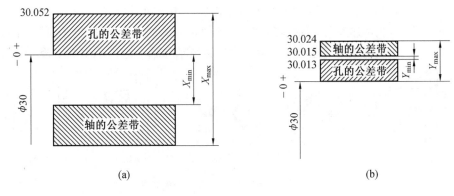

图 2.3

习题 2.16 何种场合采用基轴制？

【答】 在如下几种场合采用基轴制：

(1) 同一基本尺寸的某一段轴，必须与几个不同配合的孔结合。

(2) 用于某些等直径长轴的配合。这类轴可用冷轧棒料不经切削直接与孔配合。这时采用基轴制有明显的经济效益。

(3) 用于某些特殊零部件的配合，例如，滚动轴承的外圈与基座孔的配合、键与键槽的配合等。

习题 2.17 能否只从公差值的大小来说明精度的高低？为什么？

【答】 不能只从公差值的大小来说明精度的高低。因为同等精度等级的公差值随基本尺寸的不同而不同，所以不能只从公差值的大小来说明精度的高低。

习题 2.18 何谓基本偏差？它有何用途？查表确定 $\phi50H7/m6$ 配合中孔、轴的极限偏差。

【答】 基本偏差用于确定公差带相对零线位置的上偏差或下偏差，一般为靠近零线的那个偏差。基本偏差的作用是确定公差带相对于零线的位置。

由机械设计手册标准公差数值表可查出基本尺寸 $\phi50$ 的标准公差，即 $IT7 = 25$ μm，$IT8 = 16$ μm。

由机械设计手册孔的基本偏差表可查出，对于 H7 的基准孔，极限偏差 $EI = 0$，所以 $ES = EI + IT7 = +25$ μm；由机械设计手册轴的基本偏差表可查出，对于 m6 的轴，极限偏差 $ei = 9$ μm，所以 $es = ei + IT6 = 9$ μm $+ 16$ μm $= 25$ μm。

习题 2.19 表面结构的粗糙度常用的评定参数是什么？简述其意义。

【答】 表面粗糙度常用的评定参数是轮廓算术平均偏差 Ra 和轮廓最大高度 Rz。Ra 表示在取样长度内轮廓偏差绝对值的算术平均值，能客观地反映表面微观几何形状。Rz 表示在一个取样长度内最大轮廓峰高和最大轮廓谷深之和的高度。

习题 2.20 举例说明形状误差和位置误差对零件的功能有何影响？

【答】 零件的几何误差如超过了允许值，或允许值定得过大，将对零件的功能以至整个产品的功能产生有害的影响。图 2.4(a)、2.4(b)、2.4(c) 分别为轴的母线不直、横截面内的截线不圆、燕尾与燕尾槽之间的楔铁平面不平的情况。这都属于零件几何要素的形状误差，它们将导致零件接触不良、接触刚度下降、磨损加剧、间隙扩大、寿命缩短等后果。图 2.4(d)为角铁上应互相垂直的两平面实际不垂直,这属于零件几何要素的方向误差。图 2.4(e)为两轴承孔的轴线应该重合(同轴)的而实际不重合,这属于零件几何要素的位置误差,使轴和轴上的零件受力不好,导致轴和轴上零件的寿命下降。

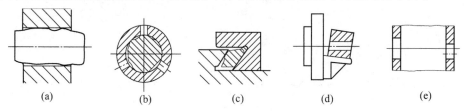

图 2.4　几何误差对零件功能的影响

习题 2.21　试说明几何公差的选用原则。

【答】 (1) 几何公差特征项目的选用原则:选择几何公差特征项目时,主要考虑零件的工作性能要求、零件在加工过程中产生几何误差的可能性及实施检验的可操作性等。例如,为了保证机床工作的运动平稳性和较高的运动精度,则应对机床导轨的直线度公差或平面度公差提出要求;为了保证滚动轴承的装配精度和旋转精度,则应对装配滚动轴承的轴颈规定恰当的圆柱度公差,对相配轴的轴肩也应规定恰当的圆跳动公差;而加工齿轮箱体上两轴承孔时容易出现孔的同轴度误差,因此对齿轮箱体上的轴承孔要规定同轴度公差。

(2) 几何公差值的选用原则:几何公差值的选用,主要根据零件的功能要求(结构特征、工艺上的可能性)等因素综合考虑决定。此外还应考虑下列情况:

① 在同一要素上给出的形状公差应小于方向公差值和位置公差值。一般应满足 $t_{形} < t_{方向} < t_{位置}$。

② 圆柱形零件的形状公差值(轴线的直线度除外)一般情况下应小于其尺寸公差值。

③ 平行度公差值应小于其相应的距离尺寸公差值。

④ 考虑到加工的难易程度和除主参数外其他参数的影响,在满足零件功能的要求下,可适当降低 1~2 级选用,例如,轴的圆柱度公差等级为 6 级,则其相配孔的圆柱度公差等级可选用 7 级或 8 级。

(3) 基准要素的选用原则:在确定被测要素的方向位置和跳动公差时,必须同时确定基准要素。基准要素的选择,通常要考虑以下几个问题:

① 从设计考虑,应根据零件形体的功能要求及要素间的几何关系来选择基准,如对旋转的轴,常选用轴两端的中心孔作为基准。

② 从加工工艺考虑,应选择加工零件时工夹具定位的相应要素作为基准,如常选用齿轮的毂孔作为基准。

③ 从测量考虑,应选择零件在测量或检验时为计量器具定位的相应要素为基准。如测定轴肩的轴向圆跳动误差时,常选用相关的轴线作为基准。

④ 从装配关系考虑,应选择零件相互配合、相互接触的表面作为基准,以保证零件的正确装配。

习题 2.22　说出绘制机构运动简图的方法和步骤。

【答】 (1) 定出原动件和输出构件,然后,搞清楚原动件和输出构件之间运动的传递路线,组成机构的构件数目及连接各构件的运动副的类型和数目,测量出各个构件与运动有关的尺寸。

(2)恰当地选择投影面,一般可以选择机构的多数构件的运动平面作为投影面。必要时,也可以就机构的不同部分选择两个或两个以上的投影面,然后展到同一图面上,或者把主机构运动简图上难以表示清楚的部分另绘成局部简图。

(3)选择适当的比例,定出各运动副的相对位置,以简单的线条和规定的符号绘出机构运动简图。

习题 2.23 当机构的原动件数少于或多于机构的自由度时,机构的运动将发生何种情况?

【答】 如果机构的自由度大($F>0$),而机构的原动件数少于机构的自由度,则机构能动,但构件间的运动不确定;如果机构的自由度大($F>0$),而当机构的原动件数多于机构的自由度时,则构件间不能实现确定的相对运动或产生破坏。

习题 2.24 绘出图2.5所示机构的机构运动简图,并计算其自由度。(a)刨床机构;(b)偏心油泵;(c)活塞泵;(d)偏心轮传动机构。

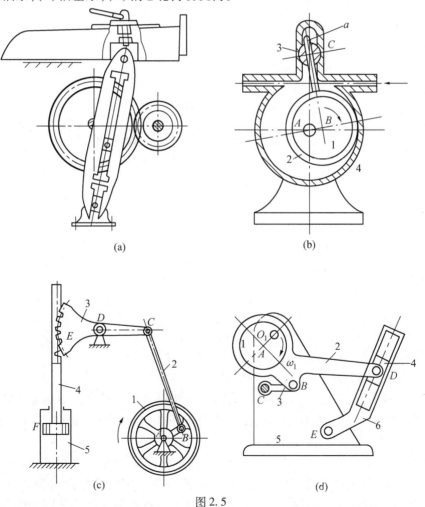

图2.5

【解】 机构运动简图如图 2.6 所示。

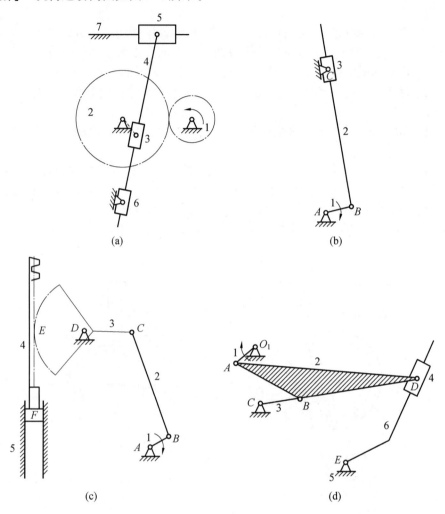

图 2.6

各机械的自由度计算如下：
(a) $n=6, P_L=8, P_H=1, F=3n-2P_L-P_H=3\times6-2\times8-1=1$。
(b) $n=3, P_L=4, P_H=0, F=3n-2P_L-P_H=3\times3-2\times4=1$。
(c) $n=4, P_L=5, P_H=1, F=3n-2P_L-P_H=3\times4-2\times5-1=1$。
(d) $n=5, P_L=7, P_H=0, F=3n-2P_L-P_H=3\times5-2\times7=1$。

习题 2.25 计算图 2.7 所示机构的自由度,指出机构运动简图中的复合铰链、局部自由度和虚约束。(a)测量仪表机构；(b)圆锯盘机构；(c)压缩机机构；(d)平炉渣口堵塞机构；(e)精压机构；(f)冲压机构。

【解】 对于图 2.7 所示的各机构,为方便自由度计算,特做如下规定:活动构件数目序号用阿拉伯数字表示；低副数目序号用带圆括号的阿拉伯数字表示；高副数目序号用带圆圈的阿拉伯数字表示；局部自由、复合铰链及虚约束用文字标出。按上述规定标注后的

第 2 章 机械设计概论

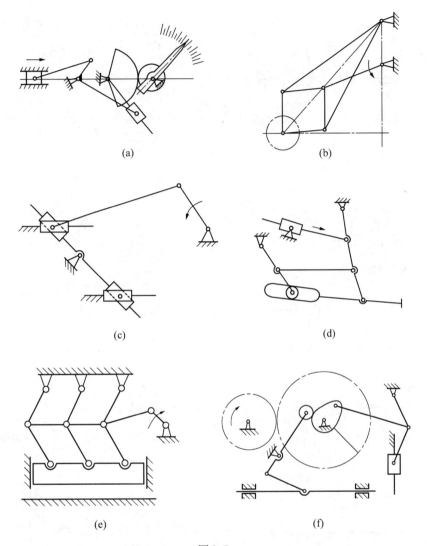

图 2.7

对应机构如图 2.8 所示。

根据图 2.8，各机构的自由度计算如下：

(a) $n=6, P_L=8, P_H=1, F=3n-2P_L-P_H=3\times6-2\times8-1=1$。
(b) $n=7, P_L=10, P_H=0, F=3n-2P_L-P_H=3\times7-2\times10=1$。
(c) $n=7, P_L=10, P_H=0, F=3n-2P_L-P_H=3\times7-2\times10=1$。
(d) $n=6, P_L=8, P_H=1, F=3n-2P_L-P_H=3\times6-2\times8-1=1$。
(e) $n=5, P_L=7, P_H=0, F=3n-2P_L-P_H=3\times5-2\times7=1$。
(f) $n=9, P_L=12, P_H=2, F=3n-2P_L-P_H=3\times9-2\times12-2=1$。

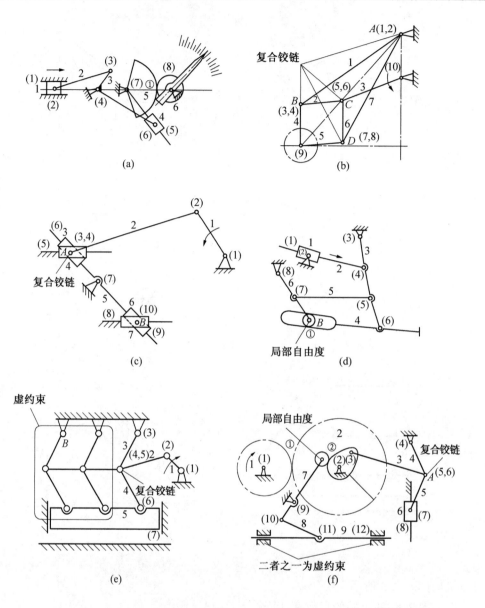

图 2.8

习题 2.26 计算图 2.9 所示机构的自由度。

【解】 对于图 2.9 所示的各机构,为方便自由度计算,特做如下规定:活动构件数目序号用阿拉伯数字表示;低副数目序号用带圆括号的阿拉伯数字表示;高副数目序号用带圆圈的阿拉伯数字表示;局部自由、复合铰链及虚约束用文字标出。按上述规定标注后的对应机构如图 2.10 所示。

根据图 2.10,各机构的自由度计算如下:

(a) $n=7, P_L=10, P_H=0, F=3n-2P_L-P_H=3\times7-2\times10=1$。

(b) $n=7, P_L=10, P_H=0, F=3n-2P_L-P_H=3\times5-2\times7=1$。

(c) $n=4, P_L=4, P_H=2, F=3n-2P_L-P_H=3\times4-2\times4-2=2$。

(d) $n=10, P_L=14, P_H=0, F=3n-2P_L-P_H=3\times10-2\times14=2$。

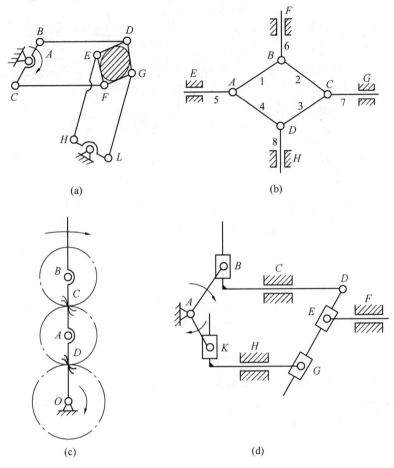

图 2.9

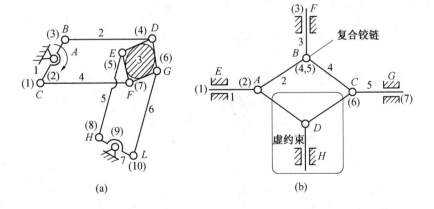

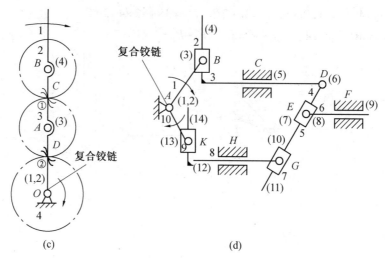

图 2.10

2.5 自测题

一、填空题

1. 工程结构和机械零件中使用的非金属材料有_____、_____和_____。
2. 平面运动副分为_____和_____。
3. 计算平面机构自由度的注意事项有_____、_____和_____。
4. 若 m 个构件构成同轴复合铰链,则应有_____个转动副。

二、问答题

1. 选择机械零件材料的主要原则是什么?
2. 机构具有确定运动的条件是什么?

三、分析计算题

1. 图 2.11 所示为牛头刨床设计方案草图。设计思路为:动力由曲柄 1 输入,通过滑块 2 使摆动导杆 3 做往复摆动,并带动滑枕 4 做往复移动,以达到刨削加工目的。试问图示的构件组合是否能达到此目的? 如果不能,该如何修改?

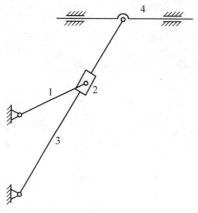

图 2.11

2. 计算图 2.12 所示机构的自由度（若存在局部自由度、复合铰链、虚约束请指出）。

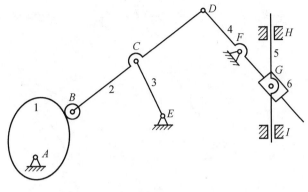

图 2.12

2.6 自测题参考答案

一、填空题

1. 工程塑料　工业陶瓷　复合材料
2. 低副　高副
3. 复合铰链　局部自由度　虚约束
4. $m-1$

二、问答题

1. 选择机械零件材料的主要原则是使用性原则、工艺性原则和经济性原则。
2. 机构具有确定运动的条件是：(1) 机构的自由度 ($F>0$) 大于零件数；(2) 机构的原动件数等于机构的自由度 F。

三、分析计算题

1. 首先计算设计方案草图的自由度，即

$$F = 3n - 2P_L - P_H = 3 \times 4 - 2 \times 6 = 0$$

由于机构的自由度等于零件数，即表示如果按此方案设计机构，机构是不能运动的。必须修改，以达到设计目的。改进措施：(1) 增加一个低副和一个活动构件；(2) 用一个高副代替低副。

本题给出 8 个修改方案，如图 2.13 所示。

2. 滚子 B 带来一个局部自由度，应除去滚子引入的局部自由度，即将其与构件 2 固连；H 和 I 之一引入一个虚约束，计算自由度时只算一个低副。所以 $n=6$、$P_L=8$、$P_H=1$，机构的自由度为

$$F = 3n - 2P_L - P_H = 3 \times 6 - 2 \times 8 - 1 = 1$$

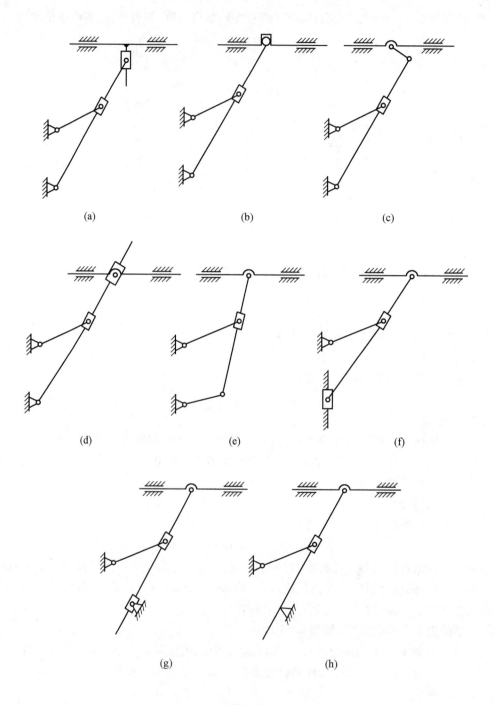

图 2.13

第 3 章　平面连杆机构

3.1　基本要求

（1）掌握四杆机构的类型及其演化。
（2）掌握铰链四杆机构的曲柄存在条件、压力角、行程速比系数、死点位置的概念。
（3）掌握平面四杆机构设计。
（4）掌握速度瞬心在平面机构速度分析中的应用。

3.2　重点与难点

3.2.1　重　点

（1）铰链四杆机构的基本形式。
（2）平面四杆机构的演化。
（3）铰链四杆机构的曲柄存在条件。
（4）急回运动和行程速比系数。
（5）压力角与传动角的概念。
（6）机构的死点位置。
（7）平面四杆机构的设计。
（8）速度瞬心位置的确定。
（9）速度瞬心的应用。

3.2.2　难　点

1. 铰链四杆机构的基本形式

平面四杆机构的基本形式为铰链四杆机构,根据铰链四杆机构两连架杆的不同运动情况,铰链四杆机构可分为曲柄摇杆机构、双曲柄机构和双摇杆机构。在学习中需要掌握整转副、摆转副、连杆、连架杆、曲柄和摇杆等基本概念。

2. 平面四杆机构的演化

（1）改变杆长的演变。

改变相对杆长,使转动副演化为移动副。这种演化方式可将曲柄摇杆机构演化成曲柄滑块机构和双滑块机构。

（2）选用不同构件为机架。

① 变化铰链四杆机构的机架。以铰链四杆机构的不同构件为机架时,可演化成曲柄

摇杆机构、双曲柄机构和双摇杆机构。

② 变化单移动副机构的机架。以曲柄滑块机构的不同构件为机架时,可演化成曲柄摇块机构、移动导杆机构、转动导杆机构(或摆动导杆机构)。

③ 变化双移动副机构的机架。通过这种演化方式,可将双滑块机构演化成双转块机构和曲柄移动导杆机构等。

(3) 扩大转动副尺寸。

通过这种演化方式,可将曲柄摇杆机构演化成单偏心轮机构和双偏心轮机构。

3. 铰链四杆机构的曲柄存在条件

(1) 最短杆和最长杆长度之和小于或等于其他两杆长度之和。

(2) 最短杆为连架杆或机架。

当以最短杆的邻边为机架时,该铰链四杆机构成为曲柄摇杆机构;当以最短杆为机架时,该机构成为双曲柄机构;当以最短杆的对边为机架时,铰链四杆机构中无曲柄,此时称为双摇杆机构;当不满足曲柄存在条件的尺寸约束要求时,无论以铰链四杆机构的哪个构件作为机架,该机构都是双摇杆机构。

4. 平面四杆机构的急回特性

从动件的急回运动程度用行程速比系数 K 来表示,K 的定义为从动件回程平均角速度和工作行程平均角速度之比。

机构具有急回特性必有 $K>1$,则极位夹角 $\theta>0°$。极位夹角是指当机构的从动件分别位于两个极限位置时主动件曲柄的一个位置与另一位置反向延长线间所夹的锐角。θ 和 K 之间的关系为

$$\theta = 180°\frac{K-1}{K+1}$$

它们之间的关系应记住。这里需要提醒读者注意的是:有时某一机构本身并无急回特性,但当它与另一机构组合后,此组合后的机构并不一定也没有急回特性。机构有无急回特性,应从急回特性的定义入手进行分析。

5. 压力角和传动角

压力角和传动角是两个重要概念。压力角是指在不计摩擦时,机构从动件上某点所受驱动力的作用线与此点速度方向线之间所夹的锐角,用 α 表示。传动角为压力角之余角,用 γ 表示。

压力角是衡量机构传力性能好坏的重要指标。因此,对于传动机构,应使其压力角 α 尽可能小。连杆机构的压力角(或传动角)在机构运动过程中是不断变化的。从动件处于不同位置时有不同的 α 值,在从动件的一个运动循环中,α 角存在一个最大值 α_{max}。在设计连杆机构时,应注意使 $\alpha_{max} \leq [\alpha]$。

6. 机构的死点位置

机构在运动过程中,当从动件的传动角 $\gamma = 90°$ 时,驱动力与从动件受力点的运动方向垂直,其有效分力等于零,这时机构不能运动,称此位置为死点位置。在曲柄摇杆机构或曲柄滑块机构中,若以曲柄为主动件,不存在死点位置。但当以摇杆或滑块为主动件、曲柄为从动件时,机构存在死点位置,即当连杆与曲柄共线时,为死点位置,此时曲柄所受

的转动力矩为零,再大的力也不能使曲柄转动。此处应注意:"死点""自锁"及机构的自由度 $F \leqslant 0$ 的区别。死点是在不计摩擦的情况下机构所处的特殊位置,利用惯性或其他办法,机构可以通过死点位置而正常运动;自锁是指机构在考虑摩擦的情况下,当驱动力的作用方向满足一定的几何条件时,虽然机构自由度大于零,但机构却无运动的现象;自由度小于或等于零,表明该运动链不是机构而是一个各构件间根本无相对运动的桁架。死点、自锁是从力的角度分析机构的运动情况,而自由度是从机构组成的角度分析机构的运动情况。

7. 速度瞬心在平面机构速度分析中的应用

(1) 瞬心。相对做平面运动的两构件瞬时相对速度等于零的点或者说绝对速度相等的点(即等速重合点)称为速度瞬心。绝对速度为零的瞬心,称为绝对瞬心,绝对速度不等于零的瞬心,称为相对瞬心。用符号 P_{ij} 表示构件 i 与构件 j 的速度瞬心。

(2) 机构中瞬心位置的确定。

① 直接构成运动副两构件的速度瞬心位置。

a. 当两构件通过转动副直接连接在一起时,转动副的中心即为该两构件的瞬心。

b. 当两构件通过移动副连接时,构件 1 相对于构件 2 的速度瞬心必在垂直于导路方向上的无穷远处。

c. 当两构件通过平面高副相连接时,若高副两元素间做纯滚动,则该接触点即为瞬心;若高副两元素间既做相对滑动又做相对滚动,则瞬心必位于过高副两元素接触点处的公法线上,具体在法线上哪个位置,尚需根据其他条件再做具体分析确定。

② 用三心定理确定不直接组成运动副的两构件的速度瞬心位置。

三心定理的内容:三个做平面运动的构件的三个速度瞬心必在同一条直线上。当机构中构件数较少时,直接用三心定理即可求出全部速度瞬心。

8. 平面四杆机构的设计

平面四杆机构设计的基本问题包括函数机构设计、轨迹机构设计和导引机构设计。设计方法有图解法和解析法。由于平面四杆机构可以选择的机构参数是有限的,而实际设计问题中各种设计要求往往是多方面的,所以一般设计只能是近似实现,在具体设计中要具体问题具体分析。

3.3 典型范例解析

例 3.1 如图 3.1 所示的偏置曲柄滑块机构,试回答:
(1) 该机构曲柄存在的条件。
(2) 该机构有无急回运动。
(3) 该机构有无死点,在什么条件下出现死点。
(4) 构件 AB 主动时,在什么位置有最小传动角。

【答】 如图 3.2 所示。

(1) 若该机构存在曲柄,可根据铰链四杆机构的曲柄存在条件进行分析。偏置曲柄滑块机构可以看作固定铰链中心 D 在垂直于导路无穷远处的铰链四杆机构。设 CD 长为

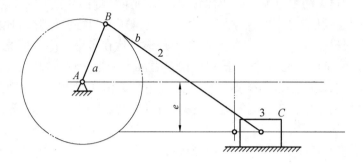

图 3.1

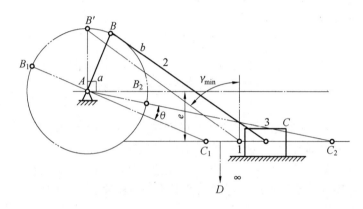

图 3.2

l_{CD}，则机架长 $l_{AD} = l_{CD} + e > l_{CD}$。利用杆长条件 $l_{AD} + l_{AB} \leq l_{CD} + l_{BC}$，得 $a + e \leq b$，它自然满足 AB 杆最短的条件，此时 AB 即为曲柄。

(2) 因为有极位夹角 θ 存在，所以有急回运动。

(3) 当滑块 C 为原动件时，在滑块的两个极限位置 C_1、C_2 处，传动角 $\gamma = 0°$，所以该机构存在死点。

(4) 构件 AB 主动时，当曲柄 AB 垂直于滑块导路时，有最小传动角，如图 3.2 中的 $\gamma_{\min}$。

例 3.2 在图 3.3 所示曲柄摇块机构中，试画出机构在图示位置的全部速度瞬心，并用速度瞬心法画出图示位置点 D 和点 E 的速度方向。

【解】 (1) 如图 3.3 所示，该机构的 3 个转动副的中心 A、B、C 分别为瞬心 P_{14}、P_{12} 和 P_{34}，P_{23} 在垂直于导路 2 的无穷远处；由三心定理可知，瞬心 P_{13} 在 P_{23} 和 P_{12} 连线与 P_{34} 和 P_{14} 连线的交点处，瞬心 P_{24} 在 P_{14} 和 P_{12} 连线与 P_{34} 和 P_{23} 连线的交点处，如图 3.4 所示。

(2) 构件 2 的绝对速度瞬心为 P_{24}，作辅助线 $P_{24}D$ 和 $P_{24}E$，则 $v_D \perp P_{24}D$，$v_E \perp P_{24}E$，方向如图 3.4 所示。

第 3 章　平面连杆机构　　29

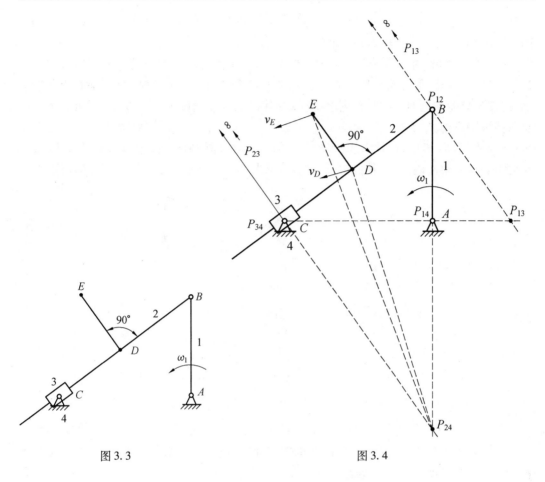

图 3.3　　　　　　　　　　　　　图 3.4

3.4　习题与思考题解答

习题 3.1　试绘出图 3.5 所示机构的运动简图,并说明它们各为何种机构。

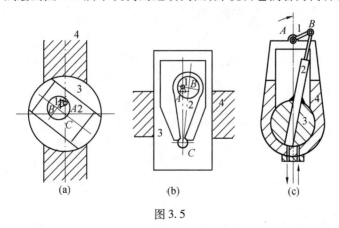

图 3.5

【解】（1）图 3.5(a)中,构件 1 是一个偏心轮,其绕固定铰链 A 转动。固定铰链 A 到偏心轮的几何中心 B 的长度为构件 1 的杆长。固定构件 4 为机架,构件 3 相对于机架摆动,摆动中心为构件3的几何中心C点,构件2在构件3的长槽中移动,其机构运动简图如图3.6(a)所示。该机构是曲柄摇块机构。

(2) 图3.5(b)中,偏心轮1绕铰链点A转动,构件2套在偏心轮1上,可相对转动,其相对转动中心为偏心轮1的几何中心B;构件2与构件3在C点铰接,可绕C点相对摆动,构件3只能在机架4的竖槽内上下移动,其机构运动简图如图3.6(b)所示。该机构是曲柄滑块机构。

(3) 图3.5(c)中,构件1绕铰链点A转动,构件2在构件3的槽内移动,构件3绕其几何中心在机架4内摆动,其机构运动简图如图3.6(c)所示。该机构是曲柄摇块机构。

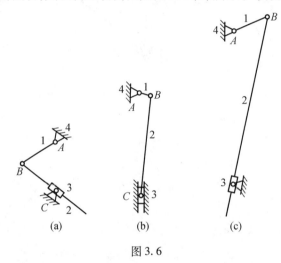

图 3.6

习题 3.2 图3.7所示四铰链四杆机构中,已知各构件长度分别为:$l_{AB}=50$ mm,$l_{BC}=75$ mm,$l_{CD}=60$ mm,$l_{AD}=80$ mm。试问:

(1) 该机构是否满足曲柄存在的杆长条件?
(2) 若满足杆长条件,则固定哪个构件可得曲柄摇杆机构?
(3) 固定哪个构件可获得双曲柄机构?
(4) 固定哪个构件可获得双摇杆机构?

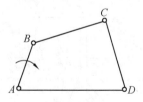

图 3.7

【解】 (1) 因为 $l_{AB}+l_{AD}=50$ mm$+80$ mm$=130$ mm,$l_{BC}+l_{CD}=75$ mm$+60$ mm$=135$ mm
即
$$l_{AB}+l_{AD}<l_{BC}+l_{CD}$$
所以该机构满足曲柄存在的杆长条件。

(2) 固定最短杆的邻边 AD 或 BC,可得曲柄摇杆机构。

(3) 固定最短杆 AB,可获得双曲柄机构。

(4) 固定最短杆的对边 CD,可获得双摇杆机构。

习题3.3 在图 3.8 所示的铰链四杆机构中,各杆件长度分别为:$l_{AB}=28$ mm,$l_{BC}=52$ mm,$l_{CD}=50$ mm,$l_{AD}=72$ mm。

(1) 若取 AD 为机架,求该机构的极位夹角 θ、杆 CD 的最大摆角 ψ 和最小传动角 $\gamma_{\min}$。

(2) 若取 AB 为机架,该机构将演化为何种类型的机构?为什么?请说明这时 C、D 两个转动副是整转副还是摆转副?

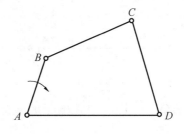

图 3.8

【解】 (1) 图 3.8 所示的机构中,最短杆为 l_{AB},最长杆为 l_{AD},由 $l_{AB}+l_{AD} \leqslant l_{BC}+l_{CD}$ 可知,该机构满足曲柄存在的杆长条件,所以取杆 AD 为机架时,该机构为曲柄摇杆机构。

如图 3.9(a)所示,作出曲柄与连杆共线的两个位置,此时摇杆处于两极限位置,由图量得极位夹角 $\theta=18.6°$,杆 CD 的最大摆角 $\psi=70.6°$。

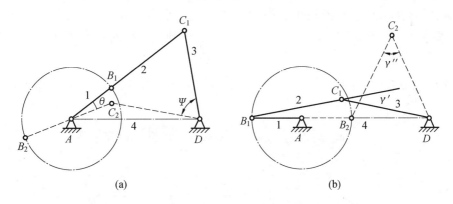

图 3.9

如图 3.9(b)所示,作出曲柄 AB 与机架 AD 共线的两位置 AB_1 与 AB_2,由图量得 $\gamma''=51.1°$、$\gamma'=22.7°$。由于 $\gamma'<\gamma''$,所以此机构的最小传动角 $\gamma_{\min}=\gamma'=22.7°$。

(2) 若取 AB 为机架,该机构将演化为双曲柄机构,因为最短杆的两端具有整转副,这时 C、D 两个转动副是摆转副。

习题3.4 对于一偏置曲柄滑块机构,试求:

(1) 当曲柄为原动件时,机构传动角的表达式;

(2) 试说明曲柄 r、连杆 l 和偏距 e 对传动角的影响;

(3) 说明出现最小传动角时的机构位置；

(4) 若令 $e=0$（即对心曲柄滑块机构），其传动角在何处最大？何处最小？

【解】 (1) 图 3.10 所示为一偏置曲柄滑块机构 ABC，为研究其传动角，过铰链 B 做滑块导路的垂线与滑块导路交于点 B。α 为机构的压力角，γ 为机构的传动角，由图可知

$$\cos\gamma = \frac{|\overline{BK}|}{l} = \frac{|r\sin(180°-\varphi)+e|}{l} = \frac{|r\sin\varphi+e|}{l} \tag{3.1}$$

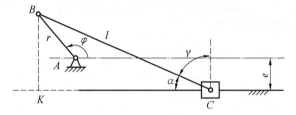

图 3.10

(2) 由式(3.1)可知，传动角 γ 随曲柄 r 和偏距 e 的增大而减小，传动角 γ 随连杆 l 的增大而增大。

(3) 由式(3.1)可知，若使传动角 γ 最小，需使 $|r\sin\varphi+e|$ 最大，即 $\varphi=90°$ 或 $\varphi=270°$，所以此时铰链点 B 位于 A 点正上方或正下方，即 AB 与导路垂直。

(4) 若令 $e=0$，传动角最大出现在 $\varphi=0°$ 或 $\varphi=180°$ 时，传动角最小出现在 $\varphi=90°$ 或 $\varphi=270°$ 时。

习题 3.5 图 3.11 所示机构中，已知：构件 1 的角速度 $\omega_1=20\ \text{rad}\cdot\text{s}^{-1}$，半径 $R=50\ \text{mm}$，$\angle ACB=60°$，$\angle CAO=90°$，试求构件 2 的角速度 ω_2。

【解】 用速度瞬心法求解。根据三心定理，得到该机构的三个速度瞬心 P_{12}、P_{13} 和 P_{23}，如图 3.12 所示，其中 $P_{12}B \perp CB$。根据 $\angle ACB=60°$，可得 $\angle P_{12}OA=60°$。连接 OC，可得 $\triangle AOC$ 与 $\triangle AOP_{12}$ 全等，从而 $\overline{l_{CP_{12}}}=2\ \overline{l_{AP_{12}}}$。构件 1 与构件 2 在速度瞬心 P_{12} 处的绝对速度相等，所以

$$v_{P_{12}} = \omega_1\ \overline{l_{AP_{12}}} = \omega_2\ \overline{l_{CP_{12}}} \Rightarrow \omega_2 = \frac{\omega_1}{2} = 10\ \text{rad}\cdot\text{s}^{-1}$$

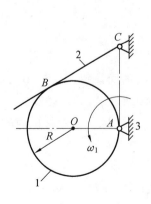

图 3.11

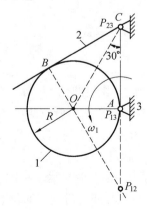

图 3.12

习题 3.6 欲设计一个如图 3.13 所示的铰链四杆机构。设已知其摇杆 CD 的长度 $l_{CD}=75$ mm，行程速比系数 $K=1.5$，机架 AD 的长度 $l_{AD}=100$ mm，又知摇杆的一个极限位置与机架间的夹角 $\psi=45°$，试求其曲柄的长度 l_{AB} 和连杆的长度 l_{BC}。

【解】 由行程速比系数 $K=1.5$ 得
$$\theta=180°\times\frac{K-1}{K+1}=36°$$

如图 3.14 所示，以 D 为圆心，以 $r=l_{CD}=75$ mm 为半径作圆 Q。过 D 点作 DC_1 与圆 Q 交于 C_1 点，且使 $\angle C_1DA=45°$。连接 AC_1，则 AC_1 为曲柄 AB 与连杆 BC 重叠共线的位置。过 A 点作 AC_2 与圆 Q 交于 C_2 点，且使 $\angle C_1AC_2=\theta=36°$。在三角形 DC_1A 中，根据余弦定理有

$$l_{AC_1}=\sqrt{l_{DC_1}^2+l_{AD}^2-2l_{DC_1}\times l_{AD}\cos 45°}=\sqrt{(75\text{ mm})^2+(100\text{ mm})^2-2\times 75\text{ mm}\times 100\text{ mm}\cos 45°}\approx 70.84\text{ mm}$$

在三角形 DC_1A 中，根据正弦定理，有
$$\frac{l_{DC_1}}{\sin\delta}=\frac{l_{AC_1}}{\sin 45°}\Rightarrow\delta=48.47°$$

从而 $\quad\beta=\delta-\theta=12.47°$

在三角形 DC_2A 中，根据正弦定理，有
$$\frac{l_{DC_2}}{\sin\beta}=\frac{l_{AD}}{\sin\alpha}\Rightarrow\alpha=16.73°$$

$$\frac{l_{DC_2}}{\sin\beta}=\frac{l_{AC_2}}{\sin(180°-\alpha-\beta)}\Rightarrow l_{AC_2}=169.45\text{ mm}$$

由于 DC_1、DC_2 是摇杆 CD 的两个极限位置，所以有
$$l_{AC_2}=l_{AB}+l_{BC},\quad l_{AC_1}=l_{BC}-l_{AB}$$

根据上式可求得
$$l_{BC}=120.15\text{ mm},\quad l_{AB}=49.31\text{ mm}$$

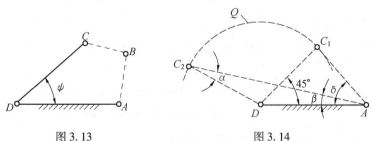

图 3.13　　　　　图 3.14

习题 3.7 试设计如图 3.15 所示的六杆机构。当原动件 1 自 y 轴顺时针转过 $\varphi_{12}=60°$ 时，构件 3 顺时针转过 $\psi_{12}=45°$ 恰与 x 轴重合。此时滑块 6 自 E_1 移动到 E_2，位移 $s_{12}=20$ mm。试确定铰链 B_1 和 C_1 的位置，并在所设计的机构中标明传动角 γ，同时说明四杆机构 AB_1C_1D 的类型。

【解】(1) 如图 3.15 所示，在 $\triangle DC_1E_1$ 中，根据余弦定理，有

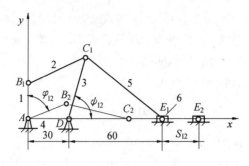

图 3.15

$$l_5 = \sqrt{l_3^2 + l_{DE_1}^2 - 2l_3 \times l_{DE_1} \cos \psi_{12}} = \sqrt{l_3^2 + (60 \text{ mm})^2 - 2 \times 60 \text{ mm} \times l_3 \cos 45°} \quad (3.2)$$

又由于

$$l_{DC_2} + l_{C_2E_2} = l_3 + l_5 = l_{DE_1} + S_{12} = 60 \text{ mm} + 20 \text{ mm} = 80 \text{ mm} \quad (3.3)$$

联立式(3.2)与式(3.3),得

$$l_3 \approx 37.260\ 2 \text{ mm}, \quad l_5 \approx 42.739\ 8 \text{ mm}$$

对于给定两连架杆的对应角度关系,求解杆长属于函数机构设计问题。参考高等教育出版社出版的由邓宗全、于红英、王知行主编的《机械原理》第 3 版"平面连杆机构及其设计"一章中函数机构设计的相关内容,有连架杆对应位置关系方程

$$R_1 - R_2 \cos(\varphi_0 + \varphi) + R_3 \cos(\psi_0 + \psi) = \cos[(\varphi - \psi) + (\varphi_0 - \psi_0)] \quad (3.4)$$

式中　φ——主动连架杆的转角;

ψ——从动连架杆的转角;

φ_0——主动连架杆的初始转角,一般设为零;

ψ_0——从动连架杆的初始转角,一般设为零;

$R_1 = (l_1^2 + l_3^2 + l_4^2 - l_2^2)/2l_1 l_3$;

$R_2 = l_4/l_3$;

$R_3 = l_4/l_1$。

对于两连架杆的两组对应位置,$\varphi_{11} = 30°, \psi_{11} = 0°; \varphi_{12} = 90°, \psi_{12} = 45°$,代入式(3.4),并令 $\varphi_0 = 0°, \psi_0 = 0°$,得

$$\begin{cases} R_1 - R_2 \cos 30° + R_3 \cos 0° = \cos(30° - 0°) \\ R_1 - R_2 \cos 90° + R_3 \cos 45° = \cos(90° - 45°) \\ R_2 = l_4/l_3 = 30/37.260\ 2 \end{cases} \quad (3.5)$$

解式(3.5),得

$$R_1 = -1.359\ 946\ 629, \quad R_3 = 2.923\ 254\ 996$$

由此求得

$$l_1 = 10.262\ 5 \text{ mm}, \quad l_2 = 58.597\ 6 \text{ mm}$$

到此便获得了六杆机构的全部尺寸。

根据图 3.15 中给定的角度关系，得

$$\begin{cases} x_{B_1} = l_1 \cos 90° = 0 \\ y_{B_1} = l_1 \sin 90° = 10.262\ 5\ \text{mm} \end{cases}$$

$$\begin{cases} x_{C_1} = l_4 + l_3 \cos \psi_{12} = 30\ \text{mm} + 37.260\ 2\ \text{mm} \cos 45° = 56.346\ 9\ \text{mm} \\ y_{C_1} = l_3 \sin 45° = 26.346\ 9\ \text{mm} \end{cases}$$

(2) 机构的传动角见图 3.16 中的 γ。由于四杆机构 AB_1C_1D 不满足曲柄存在的杆长条件，所以为双摇杆机构。

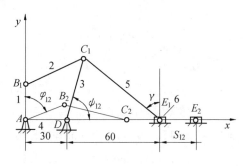

图 3.16

习题 3.8 设计一曲柄摇杆机构，已知其摇杆 CD 长 290 mm，摇杆的两极限位置间夹角 $\psi = 32°$，机构的行程速比系数 $K = 1.25$，若曲柄 AB 的长度为 75 mm，要求设计此四杆机构，并验算最小传动角 $\gamma_{\min}$。

【解】 (1) 按行程速度变化系数 $K = 1.25$，求出极位夹角

$$\theta = 180° \frac{K-1}{K+1} = 20°$$

如图 3.17 所示，任取一点作为铰链 D 的回转中心，从 D 点出发作两条直线 DC_1 和 DC_2，且使 $l_{DC_1} = l_{DC_2} = 290$ mm。连接 C_1 与 C_2，并过 C_2 点作射线 C_2E，使 $\angle C_1C_2E = 90° - \theta = 70°$。过 C_1 点作射线 C_1E，且使 $C_1E \perp C_1C_2$。C_1E 与 C_2E 相交于 E 点。过 C_1、C_2 与 E 三点作圆 Q。在圆 Q 上取一点作为铰链中心 A 的位置，即可满足给定的行程速比系数要求。此题给定了曲柄长度，需按如下过程求出连杆长度 l_{BC} 和机架长度 l_{AD}。

在 $\triangle C_1DC_2$ 中

$$l_{C_1C_2} = 2l_{CD} \sin\left(\frac{\psi}{2}\right) = 2 \times 290\ \text{mm} \times \sin 16° = 159.87\ \text{mm}$$

在 $\triangle AC_1C_2$ 中

$$l_{AC_1} = l_{BC} - l_{AB} = l_{BC} - 75\ \text{mm}$$
$$l_{AC_2} = l_{BC} + l_{AB} = l_{BC} + 75\ \text{mm}$$
$$\angle C_1AC_2 = \theta = 20°$$

由余弦定理得

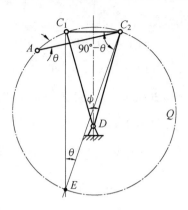

图 3.17

$$l_{C_1C_2}^2 = l_{AC_1}^2 + l_{AC_2}^2 - 2l_{AC_1}l_{AC_2}\cos\theta$$

$$(159.87\ \text{mm})^2 = (l_{BC}-75\ \text{mm})^2 + (l_{BC}+75\ \text{mm})^2 - 2(l_{BC}-75\ \text{mm})(l_{BC}+75\ \text{mm})\cos 20°$$

解得
$$l_{BC} = 176.02\ \text{mm}$$
$$l_{AC_1} = l_{BC} - l_{AB} = 176.02\ \text{mm} - 75\ \text{mm} = 101.02\ \text{mm}$$
$$l_{AC_2} = l_{BC} + l_{AB} = 176.02\ \text{mm} + 75\ \text{mm} = 251.02\ \text{mm}$$

$$\cos\angle AC_1C_2 = \frac{l_{AC_1}^2 + l_{C_1C_2}^2 - l_{AC_2}^2}{2l_{AC_1}l_{C_1C_2}} = \frac{(101.02\ \text{mm})^2 + (159.87\ \text{mm})^2 - (251.02\ \text{mm})^2}{2\times101.02\ \text{mm}\times159.87\ \text{mm}} = -0.8436$$

解得
$$\angle AC_1C_2 = 147.52°$$

在 $\triangle AC_1D$ 中

$$\angle AC_1D = \angle AC_1C_2 - \angle DC_1C_2 = 147.52° - \left(90° - \frac{\psi}{2}\right) = 73.52°$$

$$l_{AD} = \sqrt{l_{AC_1}^2 + l_{DC_1}^2 - 2l_{AC_1}l_{DC_1}\cos\angle AC_1D} =$$
$$\sqrt{(101.02\ \text{mm})^2 + (290\ \text{mm})^2 - 2\times101.02\ \text{mm}\times290\ \text{mm}\cos 73.52°} = 278.82\ \text{mm}$$

（2）最小传动角可能出现的位置所对应的 $\angle BCD$ 分别为

$$\cos\delta_{\min} = \frac{l_{BC}^2 + l_{CD}^2 - (l_{AD}-l_{AB})^2}{2l_{BC}l_{CD}} = \frac{(176.02\ \text{mm})^2 + (290\ \text{mm})^2 - (278.72\ \text{mm}-75\ \text{mm})^2}{2\times176.02\ \text{mm}\times290\ \text{mm}} = 0.721$$

解得
$$\delta_{\min} = 43.86°$$

$$\cos\delta_{\max} = \frac{l_{BC}^2 + l_{CD}^2 - (l_{AD}+l_{AB})^2}{2l_{BC}l_{CD}} = \frac{(176.02\ \text{mm})^2 + (290\ \text{mm})^2 - (278.72\ \text{mm}+75\ \text{mm})^2}{2\times176.02\ \text{mm}\times290\ \text{mm}} = -0.098$$

解得
$$\delta_{\max} = 95.64°$$

因为 $\gamma' = \delta_{\min} = 43.86°$，$\gamma'' = 180° - \delta_{\max} = 180° - 95.64° = 84.36°$

所以最小传动角为

$$\gamma_{\min} = \min(\gamma', \gamma'') = 43.86° > 40°$$

在允许的传动角范围内。

习题 3.9 如图 3.18 所示，设计一四杆机构，使其两连架杆的对应转角关系近似实

现已知函数 $y = \sin x (0 \leqslant x \leqslant 90°)$。设计时,取 $\varphi_0 = 90°$,$\psi_0 = 105°$,$\varphi_m = 120°$,$\psi_m = 60°$。

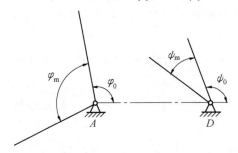

图 3.18

【解】 略。

3.5 自 测 题

一、填空题

1. 平面连杆机构是由一些刚性构件用_____副和_____副相互连接而组成的机构。

2. 当平面四杆机构中的运动副都是_____副时,就称之为铰链四杆机构。

3. 在铰链四杆机构中,能绕机架上的铰链做整周_____的_____称为曲柄。

4. 在铰链四杆机构中,能绕机架上的铰链做_____的_____称为摇杆。

5. 平面四杆机构的两个连架杆,可以有一个是_____,另一个是_____,也可以两个都是_____或都是_____。

6. 平面四杆机构有三种基本形式,即_____机构、_____机构和_____机构。

7. 在曲柄摇杆机构中,如果将_____杆作为机架,则与机架相连的两杆都可以做_____运动,即得到双曲柄机构。

8. 在_____机构中,如果将_____杆对面的杆作为机架时,则与此相连的两杆均为摇杆,即是双摇杆机构。

9. 在_____机构中,最短杆与最长杆的长度之和_____其余两杆的长度之和时,则不论取哪个杆作为_____,都可以组成双摇杆机构。

10. 曲柄滑块机构是由曲柄摇杆机构的_____长度趋向_____而演变来的。

11. 实际应用中的各种形式的四杆机构,都可看成是由改变某些构件的_____、_____或选择不同构件作为_____等方法所得到的铰链四杆机构的演化形式。

12. 若以曲柄滑块机构的曲柄为主动件时,可以把曲柄的_____运动转换成滑块的_____运动。

13. 若以曲柄滑块机构的滑块为主动件时,_____在运动过程中有"死点"位置。

14. 在实际生产中,常常利用急回运动这个特性,缩短_____时间,从而提高

_____。

15. 机构从动件所受力方向与该力作用点速度方向所夹的锐角,称为_____角,压力角和传动角互为_____角。

16. 当机构的传动角等于 0°(压力角等于 90°)时,机构所处的位置称为_____位置。

17. 曲柄摇杆机构的摇杆做主动件时,将_____与从动件_____的_____位置,称为曲柄的"死点"位置。

18. 如果将曲柄摇杆机构中的最短杆改做机架时,则两个连架杆都可以做_____的转动运动,即得到_____机构。

19. 如果将曲柄摇杆机构的最短杆对面的杆作为机架时,则与_____相连的两杆都可以做_____运动,机构就变成_____机构。

20. 四杆机构的急回运动特性可以由行程速比系数 K 和极位夹角 θ 表征,极位夹角 θ _____,急回运动的性质越显著。

21. 曲柄摇杆机构中,当_____与_____处于两次共线位置之一时,出现最小传动角。

22. 在曲柄摇杆机构中,以摇杆为主动件,曲柄为从动件,则曲柄与连杆处于共线位置时,称为_____,此时机构的传动角为_____、压力角为_____。

23. 连杆机构在运动过程中只要存在_____,该机构就具有急回作用,其急回程度用_____系数表示。

24. 铰链四杆机构中,与机架相连的杆为_____,其中做整周运动的杆,称为_____,做往复摆动的杆,称为_____,而不与机架相连的杆,称为_____。

二、简答题

1. 三心定理。

2. 铰链四杆机构的曲柄存在条件。

三、分析题

1. 在图 3.19 所示铰链四杆机构中,已知:$l_{BC} = 50$ mm,$l_{CD} = 35$ mm,$l_{AD} = 30$ mm,AD 为机架,试求:

(1)若此机构为曲柄摇杆机构,且 AB 为曲柄,求 l_{AB} 的最大值;

(2)若此机构为双曲柄机构,求 l_{AB} 的最小值;

(3)若此机构为双摇杆机构,求 l_{AB} 的数值。

2. 试求图 3.20 所示各机构在图示位置时全部瞬心的位置。

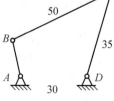

图 3.19

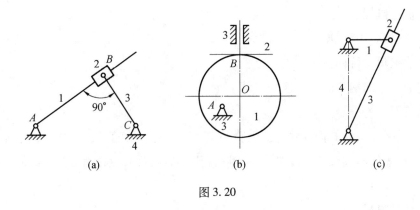

图 3.20

3.6 自测题参考答案

一、填空题

1. 转动　移动

2. 转动

3. 连续转动　连架杆

4. 往复摆动　连架杆

5. 曲柄　摇杆　曲柄　摇杆

6. 曲柄摇杆　双曲柄　双摇杆

7. 最短　整周旋转

8. 曲柄摇杆　最短

9. 铰链四杆　大于　机架

10. 摇杆　无穷大

11. 形状　相对长度　机架

12. 等速旋转　直线往复

13. 曲柄

14. 回程　工作效率

15. 压力　余

16. 死点

17. 连杆　曲柄　共线

18. 360°　双曲柄

19. 机架　摆动　双摇杆

20. 越大

21. 曲柄　机架

22. 死点位置　0°　90°

23. 极位夹角　行程速比

24. 连架杆　曲柄　摇杆　连杆

二、简答题

1. 三个做平面运动的构件共有三个瞬心,它们位于同一条直线上。

2. (1) 最短杆和最长杆长度之和小于或等于其他两杆长度之和;(2) 最短杆为连架杆或机架。

三、分析计算题

1. (1) 若机构为曲柄摇杆机构,则 AB 杆是最短杆,由曲柄存在条件,得

$$l_{AB}+l_{BC} \leq l_{CD}+l_{AD}$$

$$l_{AB} \leq l_{CD}+l_{AD}-l_{BC}=15 \text{ mm}$$

所以 l_{AB} 的最大值为 15 mm。

(2) 若机构为双曲柄机构,则 AD 杆是最短杆,如果 $l_{AB}<l_{BC}$,由曲柄存在条件,得

$$l_{AD}+l_{BC} \leq l_{AB}+l_{CD}$$

$$l_{AB} \geq l_{AD}+l_{BC}-l_{CD}=45 \text{ mm}$$

如果 $l_{AB}>l_{BC}$,由曲柄存在条件,得

$$l_{AD}+l_{AB} \leq l_{BC}+l_{CD}$$

$$l_{AB} \leq l_{BC}+l_{CD}-l_{AD}=55 \text{ mm}$$

若机构为双曲柄机构,则 AB 取值范围是 45 mm $\leq l_{AB} \leq$ 55 mm。所以 l_{AB} 的最小值为 45 mm。

(3) 铰链四杆机构如果既不是曲柄摇杆机构,又不是双曲柄机构,则必然为双摇杆机构。从而得到双摇杆机构时,l_{AB} 的数值

$$15 \text{ mm}<l_{AB}<45 \text{ mm}$$

$$55 \text{ mm}<l_{AB}<l_{AD}+l_{BC}+l_{CD}=115 \text{ mm}$$

2. 图 3.20 所示各机构瞬心位置如图 3.21 所示。

第 3 章 平面连杆机构

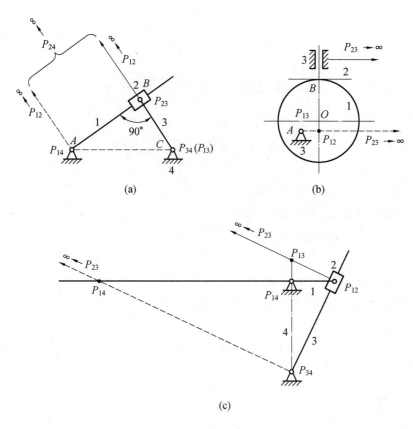

图 3.21

第4章 凸轮机构

4.1 基本要求

(1) 熟悉凸轮机构的应用和分类。
(2) 掌握推杆(从动件)运动规律和特点。
(3) 掌握压力角对凸轮机构受力及尺寸的影响。
(3) 掌握图解法设计凸轮轮廓。
(4) 了解空间凸轮机构的常用形式。
(5) 了解凸轮机构的结构和强度校核方法。

4.2 重点与难点

4.2.1 重点

(1) 凸轮机构结构形式的选择。
(2) 凸轮机构的运动循环和基本名词术语。
(3) 推杆的运动规律选择。
(4) 凸轮轮廓曲线设计的基本原理。
(5) 合理选择与确定凸轮机构的压力角、基圆半径和滚子半径。

4.2.2 难点

1. 凸轮机构结构形式的选择

由于凸轮和推杆的形状均有多种,推杆的运动形式有移动和摆动之分,凸轮与推杆维持高副接触的方法又有力封闭和形封闭两种,因此凸轮机构的形式多种多样,这就为合理选择凸轮机构的形式提供了可能。各类凸轮机构的特点及适用场合列于表4.1中。在进行凸轮机构形式选择时,在满足运动学、动力学、环境、经济性等要求的情况下,凸轮机构的形式越简单越好。

表 4.1 各类凸轮机构的特点及适用场合

凸轮机构的形式	优　　点	适用场合
尖端推杆凸轮机构	优点:结构最简单 缺点:尖端处极易磨损	适用于作用力不大和速度较低的场合(如用于仪表机构中),其他场合极少使用
滚子推杆凸轮机构	优点:滚子与凸轮廓线间为滚动摩擦,磨损较小 缺点:加上滚子后使结构较复杂	可用来传递较大的动力,故应用最广
平底推杆凸轮机构	优点:平底与凸轮廓线接触处易形成油膜,能减少磨损,且不计摩擦时,凸轮对推杆的作用力始终垂直于平底,受力平稳,传动效率较高 缺点:仅能与轮廓曲线全部外凸的凸轮相互作用	适用于高速场合
盘形凸轮机构和移动凸轮机构	凸轮与推杆之间的相对运动是平面运动。当主动凸轮做定轴转动时,采用盘形凸轮机构;当主动凸轮做往复移动时,采用移动凸轮机构。结构上较圆柱凸轮机构简单	应用广泛
圆柱凸轮机构	凸轮与推杆之间的相对运动为空间运动,结构较盘形凸轮复杂。当工作要求推杆的移动行程较大时,采用圆柱凸轮机构要比盘形凸轮机构尺寸更为紧凑	适用于推杆的运动平面与凸轮轴线平行的场合,不宜用在推杆摆角过大的场合
力封闭凸轮机构	优点:封闭方式简单,对推杆的运动规律没有限制 缺点:当推杆行程较大时,所需要的回程弹簧很大	适用于各种类型的推杆

2. 推杆运动规律的选择

凸轮机构的结构形式选定后,就要按照凸轮机构在机械系统中所执行的任务,选择(或设计)推杆的运动规律。推杆的几种常用运动规律的特点和适用场合见表 4.2。在设计凸轮机构时,一般情况下可先根据使用场合和工作要求从表 4.2 中加以选取,当常用运动规律不能满足使用要求时,需要设计者自行设计推杆的运动规律。

表 4.2 从动件运动规律、特点和适用场合

运动规律	特　　点	适用场合
等速运动规律	具有刚性冲击	低速、轻载
等加速等减速运动规律	具有柔性冲击	中、低速
余弦加速度运动规律	具有柔性冲击	中速
正弦加速度运动规律	避免了刚性冲击和柔性冲击	高速
改进型等速运动规律	无刚性冲击和柔性冲击	中速、中载

在选择或设计推杆运动规律时,通常需要考虑以下因素:满足工作对推杆的运动要

求,保证凸轮机构具有良好的动力特性,考虑所设计出的凸轮廓线便于加工等。一般来说,这些因素往往是互相制约的。因此需要根据工作要求和使用场合等情况分清主次、综合考虑。

3. 基圆半径的确定

当凸轮机构的形式及推杆的运动规律确定后,在设计凸轮廓线前,还需要确定凸轮的基圆半径。为了得到轻便紧凑的凸轮机构,希望基圆半径尽可能小;但基圆半径过小,又可能造成运动失真和压力角超过许用值,从而使推杆不能实现预期的运动规律和恶化机构的传力特性。因此,基圆半径的选取原则是:在保证不产生运动失真和压力角不超过许用值的前提下,寻求较小的基圆半径。

4. 凸轮轮廓曲线设计的基本原理

凸轮轮廓曲线设计的方法为"反转法",即在凸轮轮廓设计时,可以让凸轮静止不动,而让推杆相对于凸轮轴心 O 做反转运动。若凸轮以 ω_1 沿顺时针方向转动时,则令推杆以 $-\omega_1$ 沿逆时针方向绕凸轮轴心 O 转动,如图 4.1(a)、4.1(b)、4.1(c)所示。同时再令推杆相对其导路按图 4.1(d)中给定的运动规律运动,即凸轮转过 φ_1 角时,相应地推杆反转 φ_1 角并移动到达点 $1'$;凸轮转过 φ_2 角时,相应地推杆反转 φ_2 角并移动到达点 $2'$……推杆尖顶在反转运动中到达的点 $1'$、$2'$、$3'$、…即为所求的凸轮轮廓上的点。这就是凸轮

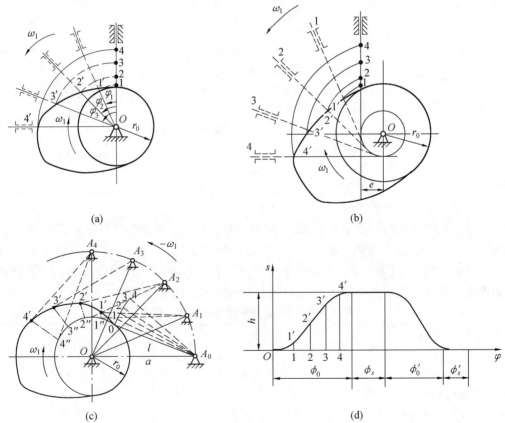

图 4.1

轮廓设计的"反转法"。

5. 凸轮机构的压力角

凸轮机构的压力角是指在不计摩擦的情况下,凸轮对推杆的作用力方向与推杆的运动方向之间所夹的锐角。它是衡量凸轮机构受力性能好坏的一个重要指标。由于凸轮机构是高副机构,因此在不计摩擦的情况下,凸轮与推杆之间的作用力总是沿着高副元素接触点的公法线方向,这一点要特别注意。还需要注意的是,对于移动尖顶推杆和滚子推杆盘形凸轮机构,其压力角 α 是随着凸轮转角的变化而不断变化的;而对于移动平底推杆盘形凸轮机构,由于高副接触点的法线总与平底垂直,因此其压力角是一个定值,当平底与导路垂直时,凸轮机构各处的压力角均为零度。

移动滚子推杆盘形凸轮机构的压力角与凸轮机构基本参数之间的关系为

$$\tan \alpha = \frac{|ds/d\varphi - e|}{\sqrt{r_0^2 - e^2} + s} \tag{4.1}$$

式(4.1)表明,压力角 α 受凸轮的基圆半径 r_0、推杆导路的偏置方向及偏距 e、推杆的运动规律 $s\text{-}\varphi$ 及其斜率的影响。在设计移动滚子推杆盘形凸轮机构时,若发现其压力角超过了许用值,可以采取以下措施:

(1) 增大凸轮的基圆半径 r_0。由式(4.1)可知,在其他条件不变的情况下,若增大基圆半径,则可使压力角的值减小。需要指出的是,虽然增大基圆半径可以减小压力角,使机构传力性能改善,但却会造成机构尺寸较大;减小基圆半径虽然会造成压力角增大,降低传力性能,但却可获得较小的机构尺寸。这是一对互相矛盾的因素,在设计凸轮机构时应妥善处理。通常的做法是,在保证机构的最大压力角 $\alpha_{\max} < [\alpha]$ 的条件下,选取尽可能小的基圆半径(当然还应考虑运动失真等因素),以便使机构尺寸较为紧凑。

(2) 选择合适的推杆偏置方向。由式(4.1)可知,在其他条件不变的情况下,通过正确选择推杆的偏置方向,可以使分子中 e 的前面出现负号,从而可有效地降低推程压力角的值。即当凸轮逆时针转动时,推杆导路应偏于凸轮轴心右侧;当凸轮顺时针转动时,推杆导路应偏于凸轮轴心左侧。需要指出的是,若推程压力角减小,则回程压力角将增大,即通过选择合适的推杆偏置方向来减小推程压力角是以增大回程压力角为代价的。但是,由于回程时通常受力较小且无自锁问题,所以,在设计凸轮机构时,若发现采用对心移动推杆凸轮机构使得推程压力角过大,而设计空间又不允许通过增大基圆半径的办法来减小压力角时,可以通过选取推杆适当的偏置方向,以获得较小的推程压力角。即在移动滚子推杆盘形凸轮机构的设计中,选择偏置推杆的主要目的是为了减小推程压力角。

4.3 典型范例解析

例 4.1 图 4.2 所示为推杆在推程中的部分运动曲线,其 $\varphi_s \neq 0°$、$\varphi_s' \neq 0°$。试根据 s、v 和 a 之间的关系定性地补全该运动曲线;并指出该凸轮机构工作时,何处有刚性冲击?何处有柔性冲击?

【解】 (1) 如图 4.3 所示,AB 段的位移曲线为一条倾斜的直线,因此,在这一段应为等速运动规律,其速度曲线图为一条水平直线,其加速度为零。

(2) BC 段的加速度曲线图为一条水平直线,因此,在这一段为等加速运动规律,其速度曲线图为一条倾斜的直线,其位移曲线图为一条下凹的二次曲线。

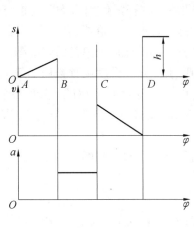

图 4.2   图 4.3

(3) CD 段的速度曲线图为一条倾斜下降的斜直线,因此,在这一段为等减速运动规律,其加速度曲线图为一条水平直线,其位移曲线图为一条上凸的二次曲线。

(4) 该凸轮在工作时,在 A 处有刚性冲击,B、C、D 处有柔性冲击。

例 4.2 图 4.4 所示直动滚子盘形凸轮机构,其凸轮实际廓线为以 C 点为圆心的圆形,O 为其回转中心,e 为其偏距,滚子中心位于 B_0 点时为该凸轮的起始位置。试画图(答题时应该有必要的说明)求出:

(1) 凸轮的理论轮廓。

(2) 凸轮的基圆。

(3) 凸轮的偏距圆。

(4) 初始位置(当滚子中心在初始位置 B_0 点)时是推程段,还是回程段?

(5) 当滚子与凸轮实际廓线在 B_1 点接触时,所对应的凸轮转角 φ_1。

(6) 当滚子中心位于 B_2 点时,所对应的凸轮机构的压力角 α_2 及推杆的位移(以滚子中心位于 B_0 点时为位移起始参考点)。

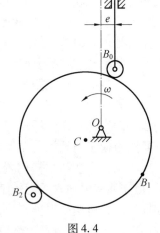

图 4.4

(7) 凸轮的最大压力角 α_{max}。

【解】 本题的关键是画出基圆、理论轮廓与偏距圆,即使没有前三问,也应该把基圆、理论轮廓与偏距圆先画出来。

(1) 如图 4.5(a)所示,以 C 点为圆心、以 C 点到滚子铰链中心 B_0 的距离为半径画圆 M,则该圆 M 即为凸轮的理论轮廓。

(2) 如图 4.5(a)所示,连接 CO 并延长交理论轮廓圆 M 于 A 点,以 O 点为圆心、以 OA 为半径画圆 P,则圆 P 即为该凸轮的基圆。

(3) 如图 4.5(a) 所示,以 O 点为圆心、以偏距 e 为半径画圆 N,则圆 N 即为该凸轮的偏距圆。

(4) 如图 4.5(a) 所示,当滚子中心位于 A 点时,推杆的位移为 0。当凸轮逆时针旋转使滚子中心由 B_0 运动到 A 时,推杆的位移是减少的,所以初始位置时是回程段。

(5) 如图 4.5(b) 所示,延长推杆使其与偏距圆 N 相切,切点为 E,连接 OE。连接 CB_1 并延长交理论轮廓于 D 点,过 D 点作偏距圆 N 的切线,切点为 F,连接 OF,则线段 OE 与 OF 之间的夹角 φ_1 即为当滚子与凸轮实际廓线在 B_1 点接触时,所对应的凸轮转角。

(6) 如图 4.5(b) 所示,过 B_2 点作圆 N 的切线,切点为 G。以 O 点为圆心,以 OB_0 长度为半径画圆 Q。B_2G 与圆 Q 的交点为 H,与基圆 P 的交点为 I。连接点 B_2 与 C,则直线 B_2G 与 B_2C 间的夹角即为所求的该位置时凸轮机构的压力角 α_2。线段 B_2H 是以滚子中心位于 B_0 点时为位移起始参考点时推杆的位移。

(7) 如图 4.5(b) 所示,连接 CO,并延长交偏距圆 N 于点 J,过 J 作圆 N 的切线 JK 交理论轮廓圆 M 于点 K。连接 KC,则直线 KC 与 KJ 间的夹角为该机构的最大压力角 α_{max}。

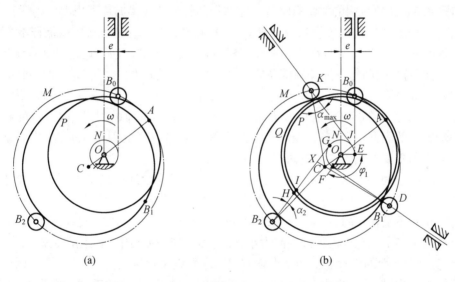

图 4.5

4.4 习题与思考题解答

习题 4.1 从动件的常用运动规律有哪几种?它们各有什么特点?各适用于什么场合?

【答】 从动件的常用运动规律、特点和适用场合见表 4.2。

习题 4.2 当要求凸轮机构从动件的运动没有冲击时,应选用何种运动规律?

【答】 当要求凸轮机构从动件的运动没有冲击时,应选用正弦加速度运动规律或改进型等速运动规律。

习题 4.3 从动件运动规律选取的原则是什么?

【答】 从动件运动规律可参考如下原则进行选取:

(1) 对于高速轻载,一般可按 a_{max}、v_{max}、j_{max} 的顺序,选用等加等减速运动规律比较合适。

(2) 对于低速重载,一般可按 v_{max}、a_{max}、j_{max} 的顺序,选用改进型等速运动规律比较合适。

(3) 对于中速中载,要求 v_{max}、a_{max}、j_{max} 等特征值都比较好,可采用正弦加速度运动规律。

习题 4.4 不同规律运动曲线拼接时,应满足什么条件?

【答】 拼接后所形成的新运动规律应满足下列三个条件:

(1) 满足工作对从动件特殊的运动要求。

(2) 满足运动规律拼接的边界条件,即各段运动规律的位移、速度和加速度值在连接点处应分别相等。

(3) 使最大速度和最大加速度的值尽可能小。第一个条件是拼接的目的,后两个条件是保证设计的新运动规律具有良好的动力性能。

习题 4.5 凸轮机构的类型有哪些?在选择凸轮机构类型时应考虑哪些因素?

【答】 (1) 凸轮机构按形状分为盘形凸轮、移动凸轮和圆柱凸轮;按推杆端部形状分为尖顶推杆凸轮、滚子推杆凸轮和平底推杆凸轮;按推杆的运动形式分为直动推杆凸轮和摆动推杆凸轮;按凸轮与推杆维持高副接触的封闭形式分为力封闭凸轮和形封闭凸轮。

(2) 在根据使用场合和工作要求选择凸轮机构的形式时,通常需要考虑以下几方面的因素:运动学方面的因素(运动形式和空间等)、动力学方面的因素(运转速度和载荷等)、环境方面的因素(环境条件及噪声清洁度等)、经济方面的因素(加工成本和维护费用等),其中最重要的因素有以下两点:

① 运动学方面的因素。满足机构的运动要求是机构设计的最基本要求。在选择凸轮机构形式时,通常需要考虑的运动学方面的因素主要包括:工作所要求的从动件的输出运动是摆动的还是移动的;从动件和凸轮之间的相对运动是平面的还是空间的;凸轮机构在整个机械系统中所允许占据的空间大小;凸轮轴与摆动输出中心之间距离的大小等。

② 动力学方面的因素。机构动力学方面的品质直接影响机构的工作质量,因此在选择凸轮机构形式时,除了需要考虑运动学方面的因素外,还需要考虑动力学方面的因素。主要包括:工作所要求的凸轮运转速度的高低;加在凸轮和从动件上的载荷以及被驱动质量的大小等。

习题 4.6 何谓凸轮机构的偏距圆?

【答】 以凸轮的轴心 O 为圆心、以推杆导路中心线相对凸轮轴心偏置的距离 e 为半径的圆称为偏距圆。

习题 4.7 何谓凸轮机构的理论廓线?何谓凸轮机构的实际廓线?两者有何区别与联系?

【答】 (1) 用反转法求出的尖顶从动件的凸轮廓线称为理论廓线。

(2) 根据理论廓线用包络线法求出的凸轮廓线称为实际廓线。

(3) 理论廓线与实际廓线的区别与联系。

① 实际廓线是理论廓线的包络线。

② 理论廓线与实际廓线为一对法向等距曲线,二者之间的法向距离等于滚子半径 r_r。

③ 凸轮的廓线必须与从动件的形式相对应。理论廓线与尖端从动件相对应;实际廓线与滚子从动件相对应;滚子半径不同,所对应的实际廓线也不同;根据同样的理论廓线求出的滚子从动件凸轮的实际廓线与平底从动件凸轮的实际廓线也不相同。总之,凸轮廓线与从动件的形式必须一一对应,不得互相替换,否则,从动件的实际运动规律将发生变化,而不能满足预定的设计要求。

④ 以理论廓线的最小向径为半径所作的圆称为凸轮的基圆,即基圆是在理论廓线上定义的。实际廓线的最小向径等于 r_0-r_r,注意不要把实际廓线的最小向径与凸轮的基圆半径混同起来。

习题 4.8 理论廓线相同而实际廓线不同的两个对心移动滚子从动件盘形凸轮机构,其从动件的运动规律是否相同?

【答】 相同。

习题 4.9 在移动滚子从动件盘形凸轮机构中,若凸轮实际廓线保持不变,而增大或减小滚子半径,从动件运动规律是否发生变化?

【答】 发生变化。

习题 4.10 何谓凸轮机构的压力角?当凸轮廓线设计完成后,如何检查凸轮转角为 φ 时机构的压力角 α?若发现压力角超过许用值,可采用什么措施减小推程压力角?

【答】 (1) 在不计摩擦的情况下,凸轮对从动件的作用力方向与从动件受力点速度方向之间所夹的锐角称为压力角。

(2) 先按反转法找到凸轮转角为 φ 时所对应的理论轮廓上的点,然后再在该点处标出从动件的受力方向与速度方向,两方向线间所夹的锐角即为凸轮转角为 φ 时机构的压力角 α。

(3) 若发现压力角超过许用值,可采用如下措施减小推程压力角:

① 增大凸轮的基圆半径;

② 选择合适的从动件偏置方向。

习题 4.11 何谓运动失真?应如何避免处理运动失真现象?

【答】 (1) 凸轮廓线的形状决定着从动件的运动规律。当采用滚子从动件或平底从动件时,凸轮的实际廓线是用包络法求出的。有时,由于基圆半径、滚子半径或从动件的运动规律选择不当,可能使设计出来的凸轮机构不能使从动件准确地实现预期的运动规律,这种现象称为运动失真。

(2) 当出现运动失真现象时,可采取以下措施:

① 修改从动件的运动规律。

② 当采用滚子从动件时,滚子半径必须小于凸轮理论廓线外凸部分的最小曲率半径 ρ_{min},通常取 $r_r \leqslant \rho_{min}$。若由于结构、强度等因素限制,r_r 不能取得太小,而从动件的运动规律又不允许修改时,则可通过加大凸轮的基圆半径,从而使凸轮廓线上各点的曲率半径均随之增大的办法来避免运动失真。

③ 当采用平底从动件时,除了应保证凸轮的理论廓线必须全部外凸外,运动规律位

移曲线的斜率也不能太大,以免由于凸轮廓线的向径变化过快而导致运动失真。若由于工作要求、运动规律不允许修改时,同样可以通过加大凸轮基圆半径的方法来避免运动失真。

习题 4.12　图 4.6 所示为一尖端移动从动件盘形凸轮机构从动件的部分运动曲线图。试在图上补全各段的位移、速度及加速度曲线,并指出在哪些位置会出现刚性冲击?哪些位置会出现柔性冲击?

【解】　补全后的运动曲线图如图 4.7 所示。在 0、π/3、4π/3、5π/3 位置处有柔性冲击,在 2π/3、π 处有刚性冲击。

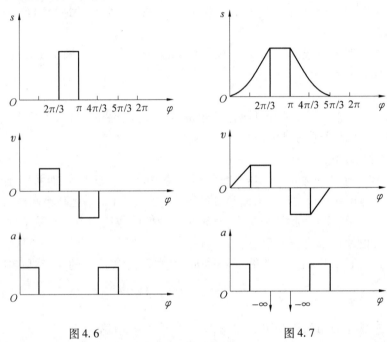

图 4.6　　　　图 4.7

习题 4.13　图 4.8 所示为一移动从动件盘形凸轮机构从动件在推程的位移曲线示意图。从动件先处于停歇状态,然后加速上升 h_1,等速上升 h_2,减速上升 h_3,在最高位置从动件又处于停歇状态。工作对从动件的运动要求如下:在点 $A,s=0,v=0,a=0$;在点 $B,s=h_1,v=v_1,a=0$;在点 $C,s=h_1+h_2,v=v_1,a=0$;在点 $D,s=h_1+h_2+h_3,v=0,a=0$。试选择 AB 段、BC 段和 CD 段运动规律曲线的类型,并确定 φ_1 与 φ_2、φ_3 之间的关系。

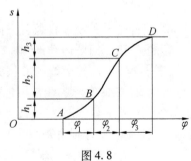

图 4.8

【解】　(1) AB 段。AB 段选择推程起始角为 0°、推杆初始位移为 0、推程角为 $2\varphi_1$、推程位移为 $2h_1$ 的正弦加速度运动规律,其推程运动方程式为

$$\begin{cases} s = 2h_1\left[\dfrac{\varphi}{2\varphi_1} - \dfrac{1}{2\pi}\sin\left(\dfrac{2\pi}{2\varphi_1}\varphi\right)\right] \\ v = \dfrac{2h_1\omega}{2\varphi_1}\left[1 - \cos\left(\dfrac{2\pi}{2\varphi_1}\varphi\right)\right] \quad \varphi \in [0, \varphi_1] \\ a = \dfrac{2\pi \cdot 2h_1 \cdot \omega^2}{(2\varphi_1)^2}\sin\left(\dfrac{2\pi}{2\varphi_1}\varphi\right) \end{cases}$$

点 A、B 处运动参数值见表 4.3。

表 4.3 点 A、B 处运动参数值

参数	点 $A(\varphi=0)$	点 $B(\varphi=\varphi_1)$
s	0	h_1
v	0	$\dfrac{2h_1}{\varphi_1}\varphi\bigg|_{\varphi=\varphi_1}$
a	0	0

(2) BC 段。BC 段选择推程起始角为 φ_1、推杆初始位移为 h_1、推程角为 φ_2、推程位移为 h_2 的等速运动规律,其推程运动方程式为

$$\begin{cases} s = h_1 + \dfrac{h_2}{\varphi_2}(\varphi - \varphi_1) \\ v = \dfrac{h_2}{\varphi_2}\omega \quad \varphi \in [\varphi_1, \varphi_1 + \varphi_2] \\ a = 0 \end{cases}$$

点 B、C 处运动参数值见表 4.4。

表 4.4 点 B、C 处运动参数值

参数	点 $B(\varphi=\varphi_1)$	点 $C(\varphi=\varphi_1+\varphi_2)$
s	h_1	$h_1 + h_2$
v	$\dfrac{h_2}{\varphi_2}\varphi\bigg|_{\varphi=\varphi_1}$	$\dfrac{h_2}{\varphi_2}\varphi\bigg|_{\varphi=\varphi_1+\varphi_2}$
a	0	0

(3) CD 段。CD 段选择推程起始角为 $\varphi_1+\varphi_2-\varphi_3$、推杆初始位置为 $h_1+h_2-h_3$、推程角为 $2\varphi_3$、推程位移为 $2h_3$ 的正弦加速度运动规律,其推程运动方程式为

$$\begin{cases} s = (h_1+h_2-h_3) + 2h_3\left\{\dfrac{\varphi-(\varphi_1+\varphi_2-\varphi_3)}{2\varphi_3} - \dfrac{1}{2\pi}\sin\left[\dfrac{2\pi}{2\varphi_3}(\varphi-(\varphi_1+\varphi_2-\varphi_3))\right]\right\} \\ v = \dfrac{2h_3\omega}{2\varphi_3}\left\{1 - \cos\left[\dfrac{2\pi}{2\varphi_3}(\varphi-(\varphi_1+\varphi_2-\varphi_3))\right]\right\} \quad \varphi \in [\varphi_1+\varphi_2, \varphi_1+\varphi_2+\varphi_3] \\ a = \dfrac{2\pi \cdot 2h_3 \cdot \omega^2}{(2\varphi_3)^2}\sin\left[\dfrac{2\pi}{2\varphi_3}(\varphi-(\varphi_1+\varphi_2-\varphi_3))\right] \end{cases}$$

点 C、D 处运动参数值见表 4.5。

表 4.5 点 C、D 处运动参数值

参数	点 $C(\varphi=\varphi_1+\varphi_2)$	点 $D(\varphi=\varphi_1+\varphi_2+\varphi_3)$
s	h_1+h_2	$h_1+h_2+h_3$
v	$\left.\dfrac{2h_3}{\varphi_3}\dot\varphi\right\|_{\varphi=\varphi_1+\varphi_2}$	0
a	0	0

由 AB、BC 两段在点 B 处的速度边界条件相等,BC、CD 两段运动在点 C 处的速度边界条件相等,可得

$$\begin{cases} \left.\dfrac{2h_1}{\varphi_1}\dot\varphi\right|_{\varphi=\varphi_1} = \left.\dfrac{h_2}{\varphi_2}\dot\varphi\right|_{\varphi=\varphi_1} \\ \left.\dfrac{h_2}{\varphi_2}\dot\varphi\right|_{\varphi=\varphi_1+\varphi_2} = \left.\dfrac{2h_3}{\varphi_3}\dot\varphi\right|_{\varphi=\varphi_1+\varphi_2} \end{cases}$$

即

$$\begin{cases} \dfrac{2h_1}{\varphi_1} = \dfrac{h_2}{\varphi_2} \\ \dfrac{h_2}{\varphi_2} = \dfrac{2h_3}{\varphi_3} \end{cases}$$

因此得到 φ_1 与 φ_2、φ_3 之间的关系为

$$\varphi_2 = \frac{\varphi_1 h_2}{2h_1},\quad \varphi_3 = \frac{\varphi_1 h_3}{h_1}$$

习题 4.14 在一对心移动滚子从动件盘形凸轮机构中,已知:凸轮的推程运动角 $\Phi_0=180°$,从动件的升距 $h=75$ mm。若选用简谐运动规律,并要求推程压力角不超过 $25°$,试确定凸轮的基圆半径 r_0。

【解】 因为采用简谐运动规律,从动件推程段位移表达式为

$$s = \frac{h}{2}\left[1-\cos\left(\frac{\pi}{\Phi_0}\varphi\right)\right] \quad \varphi\in[0,\pi] \tag{4.2}$$

将 $h=75$、$\Phi_0=\pi$ 代入式(4.2),得

$$s = 37.5(1-\cos\varphi) \quad \varphi\in[0,\pi] \tag{4.3}$$

式(4.3)对 φ 求一阶导数,得

$$\frac{\mathrm{d}s}{\mathrm{d}\varphi} = 37.5\sin\varphi \quad \varphi\in[0,\pi]$$

对心凸轮机构压力角的表达式为

$$\tan\alpha = \frac{|\mathrm{d}s/\mathrm{d}\varphi|}{r_0+s} \tag{4.4}$$

将 $\dfrac{\mathrm{d}s}{\mathrm{d}\varphi}$ 及式(4.3)代入式(4.4),得

$$\tan\alpha = \frac{|37.5\sin\varphi|}{r_0+37.5(1-\cos\varphi)}$$

第 4 章 凸轮机构

为使推程压力角不超过 25°，必须满足

$$\tan\alpha = \frac{|37.5\sin\varphi|}{r_0+37.5(1-\cos\varphi)} \leq \tan 25° \tag{4.5}$$

式(4.5)在 $\varphi \in [0,\pi]$ 内成立，即

$$r_0 \geq \frac{37.5\sin\varphi}{\tan 25°} - 37.5(1-\cos\varphi) = \frac{37.5}{\tan 25°}\sin\varphi + 37.5\cos\varphi - 37.5 \tag{4.6}$$

亦即

$$r_0 \geq \sqrt{\left(\frac{37.5}{\tan 25°}\right)^2 + 37.5^2}\sin(\varphi+\theta) - 37.5 \tag{4.7}$$

式中

$$\tan\theta = 37.5 \Big/ \left(\frac{37.5}{\tan 25°}\right) = \tan 25°$$

由 $[\sin(\varphi+\theta)]_{\max} = 1$，解式(4.7)，得

$$r_0 \geq 51.232\ 559\ 37\ \text{mm}$$

本题可取基圆半径 $r_0 = 52$ mm。

习题 4.15 在一对心移动滚子从动件盘形凸轮机构中，已知从动件运动规律如下：当凸轮转过 200°时，从动件以简谐运动规律上升 50 mm；当凸轮接着转过 60°时，从动件停歇不动；当凸轮转过一周中剩余的 100°时，从动件以摆线运动规律返回原处。若选取基圆半径 $r_0 = 25$ mm，试确定推程和回程的最大压力角 $\alpha_{\max}$ 和 $\alpha'_{\max}$。

【**解**】 (1) 对于推程，采用简谐运动规律，位移表达式为

$$s = \frac{h}{2}\left[1 - \cos\left(\frac{\pi}{\Phi_0}\varphi\right)\right] \quad \varphi \in \left[0, \frac{10\pi}{9}\right] \tag{4.8}$$

将 $h = 50$、$\Phi_0 = 10\pi/9$ 代入式(4.8)，得

$$s = 25[1 - \cos(0.9\varphi)] \quad \varphi \in \left[0, \frac{10\pi}{9}\right] \tag{4.9}$$

式(4.9)对 φ 求一阶导数，得

$$\frac{ds}{d\varphi} = 22.5\sin(0.9\varphi) \quad \varphi \in \left[0, \frac{10\pi}{9}\right] \tag{4.10}$$

将式(4.9)、(4.10)及 $r_0 = 25$ 代入式(4.4)，得

$$\tan\alpha = \frac{|22.5\sin(0.9\varphi)|}{25 + 25[1 - \cos(0.9\varphi)]} \tag{4.11}$$

由 $0.9\varphi \in [0,\pi]$ 及 $\sin(0.9\varphi) \in [0,1]$，并设 $\tan\alpha = y \geq 0$，化简式(4.11)，得

$$22.5\sin(0.9\varphi) + 25y\cos(0.9\varphi) = 50y$$

即

$$\sqrt{22.5^2 + (25y)^2}\sin(0.9\varphi + \psi) = 50y$$

式中

$$\varphi \in \left[0, \frac{10\pi}{9}\right], \quad \tan\psi = \frac{25y}{22.5} = \frac{10y}{9}$$

亦即

$$0 \leq \frac{50y}{\sqrt{22.5^2 + (25y)^2}} = \sin(0.9\varphi + \psi) \leq 1$$

解得

$$0 \leq y \leq \frac{3\sqrt{3}}{10}$$

即
$$0 \leqslant \tan\alpha \leqslant \frac{3\sqrt{3}}{10}$$

所以推程的最大压力角为
$$\alpha_{\max} = \arctan\left(\frac{3\sqrt{3}}{10}\right) = 27.45°$$

(2)对于回程,采用摆线运动规律,位移表达式为
$$s = h\left[1 - \frac{T}{\Phi'_0} + \frac{1}{2\pi}\sin\left(\frac{2\pi}{\Phi'_0}T\right)\right] \tag{4.12}$$

式中 $T = \varphi - (\Phi_0 + \Phi_s) = \varphi - \left(\frac{10\pi}{9} + \frac{\pi}{3}\right) = \varphi - \frac{13\pi}{9} \quad \varphi \in \left[\frac{13\pi}{9}, 2\pi\right]$

式(4.12)对 φ 求一阶导数,得
$$\frac{ds}{d\varphi} = \frac{ds}{dT}\frac{dT}{d\varphi} = -\frac{h}{\Phi'_0} + \frac{h}{\Phi'_0}\cos\left(\frac{2\pi}{\Phi'_0}T\right) \tag{4.13}$$

将式(4.12)、(4.13)、$\Phi'_0 = \frac{5\pi}{9}$、$r_0 = 25$,代入式(4.4),得

$$\tan\alpha' = \frac{\left|-\frac{50}{5\pi/9} + \frac{50}{5\pi/9}\cos\left(\frac{18}{5}T\right)\right|}{25 + 50\left[1 - \frac{T}{5\pi/9} + \frac{1}{2\pi}\sin\left(\frac{18}{5}T\right)\right]} \tag{4.14}$$

得
$$(\tan\alpha')_{\max} = 1.2865$$

回程的最大压力角为
$$\alpha'_{\max} = \arctan 1.2865 = 52.14°$$

习题 4.16 在一对心移动滚子从动件盘形凸轮机构中,已知凸轮顺时针转动,推程运动角 $\Phi = 30°$,从动件的升距 $h = 16$ mm,从动件运动规律为摆线运动。若基圆半径 $r_0 = 40$ mm,试确定推程的最大压力角 $\alpha_{\max}$。如果 $\alpha_{\max}$ 太大,而工作空间又不允许增大基圆半径,试问:为保证推程最大压力角不超过 30°,应采取什么措施?

【解】 (1)推程采用摆线运动规律,位移表达式为
$$s = h\left[\frac{\varphi}{\Phi_0} - \frac{1}{2\pi}\sin\left(\frac{2\pi}{\Phi_0}\varphi\right)\right] \quad \varphi \in \left[0, \frac{\pi}{6}\right] \tag{4.15}$$

式(4.15)对 φ 求一阶导数,得
$$\frac{ds}{d\varphi} = \frac{h}{\Phi_0}\left[1 - \cos\left(\frac{2\pi}{\Phi_0}\varphi\right)\right] \quad \varphi \in \left[0, \frac{\pi}{6}\right] \tag{4.16}$$

将式(4.15)、(4.16)及 $h = 16$、$\Phi_0 = \frac{\pi}{6}$ 代入式(4.4),得

$$\tan\alpha = \frac{\frac{16}{\pi/6}\left[1 - \cos\left(\frac{2\pi}{\pi/6}\varphi\right)\right]}{40 + 16\left[\frac{\varphi}{\pi/6} - \frac{1}{2\pi}\sin\left(\frac{2\pi}{\pi/6}\varphi\right)\right]} = \frac{12(1 - \cos 12\varphi)}{5\pi + 12\varphi - \sin 12\varphi} \tag{4.17}$$

求式(4.16)的最大值
$$(\tan\alpha)_{\max} = 1.2878$$

回程的最大压力角为

$$\alpha_{\max} = \arctan 1.2878 = 52.17°$$

（2）如果 $\alpha_{\max}$ 太大，而工作空间又不允许增大基圆半径，为保证推程最大压力角不超过 $30°$，可以采取偏置凸轮机构，将导路偏置在凸轮回转中心的左侧，这样可以减小推程的压力角。

习题 4.17 设计一移动平底从动件盘形凸轮机构。工作要求凸轮每转动一周，从动件完成两个运动循环；当凸轮转过 $90°$ 时，从动件以简谐运动规律上升 50.8 mm，当凸轮接着转过 $90°$ 时，从动件以简谐运动规律返回原处；当凸轮转过一周中其余 $180°$ 时，从动件重复前 $180°$ 的运动规律。试确定凸轮的基圆半径 r_0 和从动件平底的最小宽度 B。

【解】 由于要求凸轮每转动一周，从动件完成两个运动循环，并且这两个运动循环是完全相同的，所以可按第一个运动循环进行设计，即推程运动角 $\Phi_0 = 90°$、回程运动角 $\Phi_1 = 90°$、从动件位移 $h = 50.8$ mm。

采用简谐运动规律，对于第一个运动循环 $(0 \sim 180°)$ 过程，其位移曲线的表达式为

$$s = \begin{cases} \dfrac{h}{2}\left[1 - \cos\left(\dfrac{\pi}{\Phi_0}\varphi\right)\right] & \varphi \in [0, \Phi_0] \\ \dfrac{h}{2}\left[1 + \cos\left(\dfrac{\pi}{\Phi_1}(\varphi - \Phi_0)\right)\right] & \varphi \in [\Phi_0, \Phi_0 + \Phi_1] \end{cases}$$

即

$$s = \begin{cases} \dfrac{h}{2}[1 - \cos(2\varphi)] & \varphi \in \left[0, \dfrac{\pi}{2}\right] \\ \dfrac{h}{2}\left\{1 + \cos\left[2\left(\varphi - \dfrac{\pi}{2}\right)\right]\right\} & \varphi \in \left[\dfrac{\pi}{2}, \pi\right] \end{cases} \quad (4.18)$$

式 (4.18) 对 φ 求一阶导数，得

$$\dfrac{ds}{d\varphi} = \begin{cases} \dfrac{\pi h}{2\Phi_0}\sin\left(\dfrac{\pi}{\Phi_0}\varphi\right) = h\sin 2\varphi & \varphi \in \left[0, \dfrac{\pi}{2}\right] \\ -\dfrac{\pi h}{2\Phi_1}\sin\left[\dfrac{\pi}{\Phi_1}(\varphi - \Phi_0)\right] = -h\sin\left[2\left(\varphi - \dfrac{\pi}{2}\right)\right] & \varphi \in \left[\dfrac{\pi}{2}, \pi\right] \end{cases} \quad (4.19)$$

式 (4.18) 对 φ 求二阶导数，得

$$\dfrac{d^2 s}{d\varphi^2} = \begin{cases} \dfrac{\pi^2 h}{2\Phi_0^2}\cos\left(\dfrac{\pi}{\Phi_0}\varphi\right) = 2h\cos 2\varphi & \varphi \in \left[0, \dfrac{\pi}{2}\right] \\ -\dfrac{\pi^2 h}{2\Phi_1^2}\cos\left[\dfrac{\pi}{\Phi_1}(\varphi - \Phi_0)\right] = -2h\cos\left[2\left(\varphi - \dfrac{\pi}{2}\right)\right] & \varphi \in \left[\dfrac{\pi}{2}, \pi\right] \end{cases} \quad (4.20)$$

凸轮基圆半径与凸轮轮廓曲线的许用曲率半径间的关系为

$$\rho_{a\min} = r_0 + \left(s + \dfrac{d^2 s}{d\varphi^2}\right)_{\min} \quad (4.21)$$

由于每个工作循环的推程和回程运动对称，在确定凸轮轮廓的基圆半径时，只需分析其推程段即可。将式 (4.18)、(4.20) 的 $\varphi \in \left[0, \dfrac{\pi}{2}\right]$ 段表达式代入式 (4.21)，得

$$\rho_{a\min} = r_0 + \left\{ \frac{h}{2}\left[1-\cos\left(\frac{\pi}{\Phi_0}\varphi\right)\right] + \frac{\pi^2 h}{2\Phi_0^2}\cos\left(\frac{\pi}{\Phi_0}\varphi\right) \right\}_{\min}$$

令 $\rho_{a\min} \geqslant 0$,得

$$r_0 + \left\{ \frac{h}{2}\left[1-\cos\left(\frac{\pi}{\Phi_0}\varphi\right)\right] + \frac{\pi^2 h}{2\Phi_0^2}\cos\left(\frac{\pi}{\Phi_0}\varphi\right) \right\} \geqslant 0 \tag{4.22}$$

对于 $\Phi_0 = \frac{\pi}{2}$,化简式(4.22),得

$$r_0 + \frac{h}{2} + \frac{3h}{2}\cos 2\varphi \geqslant 0 \tag{4.23}$$

由 $h = 50.8$ mm 和 $\varphi \in \left[0, \frac{\pi}{2}\right]$ 得

$$\left(\frac{h}{2} + \frac{3h}{2}\cos 2\varphi\right)_{\min} = \left(\frac{h}{2} + \frac{3h}{2}\cos 2\varphi\right)\bigg|_{\varphi=\frac{\pi}{2}} = -50.8$$

故 $r_0 \geqslant 50.8$ mm。

平底的最小宽度 B 应满足

$$B \geqslant \left(\frac{ds}{d\varphi}\right)_{\max} + \left|\left(\frac{ds}{d\varphi}\right)_{\min}\right| \tag{4.24}$$

由式(4.19)得

$$\left(\frac{ds}{d\varphi}\right)_{\max} = [h\sin(2\varphi)]\big|_{\varphi=\frac{\pi}{4}} = 50.8 \text{ mm}$$

$$\left|\left(\frac{ds}{d\varphi}\right)_{\min}\right| = \left|\left\{-h\sin\left[2\left(\varphi-\frac{\pi}{2}\right)\right]\right\}\right|\bigg|_{\varphi=\frac{3\pi}{4}} = 50.8 \text{ mm}$$

所以 $B \geqslant 50.8$ mm $+ 50.8$ mm $= 101.6$ mm,故平底的最小宽度 B 为 101.6 mm。

习题 4.18 设计一移动平底从动件盘形凸轮机构。工作要求从动件运动规律如下:当凸轮转过 $180°$ 时,从动件上升 50.8 mm;当凸轮转过一周中其余 $180°$ 时,从动件返回原处。若设计者选择的运动规律为简谐运动规律,并取基圆半径 $r_0 = 38.1$ mm,试确定凸轮廓线的最小曲率半径 $\rho_{a\min}$ 和从动件平底的最小宽度 B(每侧加上 5 mm 裕量)。

【解】 由于要求凸轮转动 $180°$ 时,从动件完成推程,转过一周中其余 $180°$ 时,从动件完成回程,即推程运动角 $\Phi_0 = 180°$,回程运动角 $\Phi_1 = 180°$,从动件位移 $h = 50.8$ mm。

采用简谐运动规律,从动件位移曲线的表达式为

$$s = \begin{cases} \dfrac{h}{2}\left[1-\cos\left(\dfrac{\pi}{\Phi_0}\varphi\right)\right] & \varphi \in [0, \Phi_0] \\ \dfrac{h}{2}\left[1+\cos\left(\dfrac{\pi}{\Phi_1}(\varphi-\Phi_0)\right)\right] & \varphi \in [\Phi_0, \Phi_0+\Phi_1] \end{cases}$$

即

$$s = \begin{cases} \dfrac{h}{2}(1-\cos\varphi) & \varphi \in [0, \pi] \\ \dfrac{h}{2}[1+\cos(\varphi-\pi)] & \varphi \in [\pi, 2\pi] \end{cases} \tag{4.25}$$

式(4.25)对 φ 求一阶导数,得

$$\frac{ds}{d\varphi} = \begin{cases} \dfrac{h}{2}\sin\varphi & \varphi \in [0,\pi] \\ -\dfrac{h}{2}\sin(\varphi-p) & \varphi \in [\pi,2\pi] \end{cases} \quad (4.26)$$

式(4.25)对 φ 求二阶导数,得

$$\frac{d^2 s}{d\varphi^2} = \begin{cases} \dfrac{h}{2}\cos\varphi & \varphi \in [0,\pi] \\ -\dfrac{h}{2}\cos(\varphi-\pi) & \varphi \in [\pi,2\pi] \end{cases} \quad (4.27)$$

凸轮基圆半径与凸轮轮廓曲线的许用曲率半径间的关系为

$$\rho_{a\min} = r_0 + \left(s + \frac{d^2 s}{d\varphi^2}\right)_{\min} \quad (4.28)$$

将式(4.25)、(4.27)代入式(4.28),得

$$\rho_{a\min} = \begin{cases} r_0 + \left(\dfrac{h}{2}(1-\cos\varphi) + \dfrac{h}{2}\cos\varphi\right)_{\min} & \varphi \in [0,\pi] \\ r_0 + \left(\dfrac{h}{2}[1+\cos(\varphi-\pi)] - \dfrac{h}{2}\cos(\varphi-\pi)\right)_{\min} & \varphi \in [\pi,2\pi] \end{cases} \quad (4.29)$$

即

$$\rho_{a\min} = r_0 + \frac{h}{2} = 38.1 + \frac{50.8}{2} = 63.5 \text{ mm} \quad \varphi \in [0,2\pi]$$

故 $\rho_{a\min} = 63.5$ mm。

平底的最小宽度 B 应满足

$$B \geqslant \left(\frac{ds}{d\varphi}\right)_{\max} + \left|\left(\frac{ds}{d\varphi}\right)_{\min}\right| \quad (4.30)$$

由式(4.26)得

$$\left(\frac{ds}{d\varphi}\right)_{\max} = \left[\frac{h}{2}\sin\varphi\right]\bigg|_{\varphi=\frac{\pi}{2}} = 25.4 \text{ mm}$$

$$\left|\left(\frac{ds}{d\varphi}\right)_{\min}\right| = \left|\left[-\frac{h}{2}\sin(\varphi-\pi)\right]\bigg|_{\varphi=\frac{3\pi}{2}}\right| = 25.4 \text{ mm}$$

由于每侧需加上 5 mm 裕量,所以 $B \geqslant 25.4$ mm+25.4 mm+5 mm+5 mm=60.8 mm,故平底的最小宽度 B 为 60.8 mm。

习题4.19 图4.9(a)所示为自动闪光对焊机的机构简图。凸轮1为原动件,通过滚子2推动滑块3移动进行焊接。工作要求滑板的运动规律如图4.9(b)所示。根据结构、空间、强度等条件,已知初选基圆半径 $r_0 = 30$ mm 及滚子半径 $r_r = 5$ mm,试设计该机构。

【解】 (1) 取长度比例尺 μ_L,绘制凸轮基圆,即图4.10中半径为 r_0 的圆。

(2) 做反转运动。在基圆上由起始点 O' 出发,沿 $-\omega$ 回转方向依次量取250°、80°、30°,并按照运动规律的 s-φ 曲线将推程运动角和回程运动角进行合理细分。在基圆上沿各细分点过凸轮回转中心做细分点连线的射线,这些射线即为在反转运动中各导路所占据的一系列位置。

(3) 按照 s-φ 图线中各分点的预期位移,在推杆反转运动中各轴线上,从基圆开始量

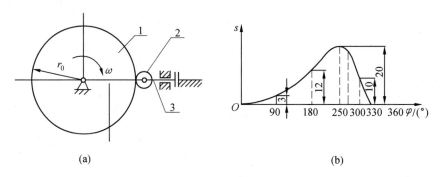

图 4.9

取推杆的相应位移。图 4.10 中 A、B、C、D、E 点在反转运动各轴线上的位置分别为 A'、B'、C'、D'、E' 点。

（4）将反转运动各轴线上量取的位置连成光滑曲线，即为所求凸轮的理论廓线。

（5）以理论廓线上一系列点为中心，以滚子半径为半径，画一系列小圆，这些小圆包络形成的内包络线，即为凸轮的实际轮廓。

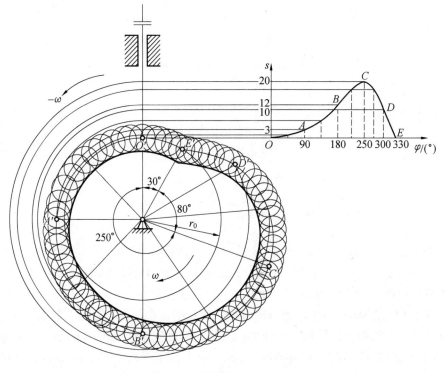

图 4.10

4.5 自测题

一、填空题

1. 凸轮机构主要由_____、_____和_____三个基本构件组成。
2. 凸轮机构推杆的形式有_____推杆、_____推杆和_____推杆三种。
3. 滚子推杆盘形凸轮的基圆半径是从_____到_____的最短距离。
4. 在凸轮机构中,推杆的_____称为行程。
5. 凸轮轮廓线上某点的_____方向与推杆_____方向之间的夹角,称为压力角。
6. 从动杆常用运动速度规律有_____规律、_____运动规律、_____运动规律和_____运动规律等。
7. 在凸轮机构推杆的四种常用运动规律中,_____有刚性冲击;_____、_____运动规律有柔性冲击;_____运动规律无冲击。
8. 将推杆运动的整个行程分为两段,前半段做_____运动,后半段做_____运动,这种运动规律就称为_____运动规律。
9. 平底垂直于导路的直动推杆盘形凸轮机构中,其压力角等于_____。
10. 在设计直动滚子推杆盘形凸轮机构的工作廓线时,发现压力角超过了许用值,且廓线出现变尖现象,此时应采用的措施是_____。
11. 设计凸轮机构时,若量得其中某点的压力角超过许用值,可以用_____使压力角减小。
12. 设计滚子推杆盘形凸轮机构时,若发现工作廓线有变尖现象,则在尺寸参数改变上应采用的措施是_____、_____。
13. 画凸轮轮廓曲线时,首先是沿凸轮转动的_____方向,从某点开始,按照位移曲线上划分的_____在基圆上做等分角线。
14. 滚子式推杆的滚子_____选用得过大,将会使运动规律"失真"。
15. 凸轮的基圆半径越小时,则凸轮的压力角_____,有效推力就_____,有害分力就_____。

二、问答题

1. 滚子式推杆的滚子半径的大小,对凸轮工作有什么影响?
2. 设计直动推杆盘形凸轮机构时,在推杆运动规律不变的条件下,需减小推程的最大压力角,可采用哪两种措施?
3. 何谓凸轮机构的压力角?它在哪一个轮廓上度量?压力角变化对凸轮机构的工作有何影响?
4. 若凸轮以顺时针方向转动,采用偏置直动推杆时,推杆的导路线应偏于凸轮回转中心的哪一侧较合理?为什么?
5. 已知一摆动滚子推杆盘形凸轮机构,因滚子损坏,现更换了一个外径与原滚子不同的新滚子。试问更换滚子后推杆的运动规律和推杆的最大摆角是否发生变化?为什么?

6. 在一个直动平底推杆盘形凸轮机构中,原设计的推杆导路是对心的,但使用时却改为偏心安置。试问此时推杆的运动规律是否改变?若按偏置情况设计凸轮廓线,试问它与按对心情况设计的凸轮廓线是否一样?为什么?

7. 两个不同轮廓曲线的凸轮,能否使推杆实现同样的运动规律?为什么?

8. 滚子半径的选择与理论廓线的曲率半径有何关系?图解设计时,如出现实际廓线变尖或相交,可采取哪些方法来解决?

9. 如摆动尖顶推杆的推程和回程运动曲线图完全对称,试问其推程和回程的凸轮轮廓是否也对称?为什么?

三、分析计算题

1. 图 4.11 为一偏置直动滚子推杆盘形凸轮机构,已知凸轮的轮廓由四段圆弧组成,圆弧的圆心分别为 O_1、O_2、O_3 和 O,圆弧间的连接点为 C_1、C_2、C_3 和 C_4。试在图中标出:

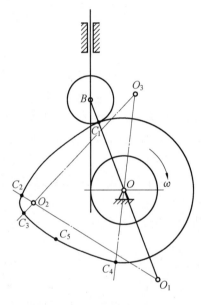

图 4.11

(1) 凸轮的基圆半径 r_0 和推杆的行程 h;

(2) 凸轮在图示的初始位置以及滚子与凸轮轮廓在 C_5 点接触时凸轮机构的压力角 α_B 和 α_{C_5}。

2. 图 4.12 所示为直动平底推杆盘形凸轮机构,凸轮为 $r = 300$ mm 的偏心圆,$AO = 200$ mm。求:

(1) 基圆半径 r_0 和升程 h;

(2) 推程运动角 Φ_0、回程运动角 Φ'_0、远休止角 Φ'_s 和近休止角 Φ'_s;

(3) 凸轮机构的最大压力角 α_{max} 和最小压力角 α_{min};

(4) 推杆的位移 s、速度 v 和加速度 a 的方程式;

(5) 若凸轮以 $\omega_1 = 10$ rad·s^{-1} 匀速转动,当 AO 成水

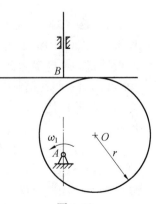

图 4.12

平位置时推杆的速度。

4.6 自测题参考答案

一、填空题

1. 凸轮　推杆(从动件)　机架
2. 尖顶　滚子　平底
3. 凸轮回转中心　凸轮理论廓线
4. 最大位移
5. 法线　速度
6. 等速运动　等加速等减速　余弦加速度　正弦加速度
7. 等速运动规律　等加速等减速运动规律　余弦加速度　正弦加速度
8. 等加速　等减速　等加速等减速
9. 0°
10. 增大基圆半径
11. 增大基圆半径或采用合理的偏置方位
12. 增大基圆半径　减小滚子半径
13. 相反　角度
14. 半径
15. 越大　越小　越大

二、问答题

1. 当采用滚子推杆时,如果滚子半径选择不当,推杆有可能实现不了预期的运动规律。设滚子半径为 r_r,理论廓线曲率半径为 ρ,实际廓线曲率半径为 ρ_a。对于外凸的凸轮廓线有 $\rho_a = \rho - r_r$。当 $\rho = r_r$ 时,则 $\rho_a = 0$ 在凸轮实际轮廓上出现尖点,这种现象为变尖现象。尖点很容易被磨损。当 $\rho < r_r$ 时,则 $\rho_a < 0$,实际廓线发生相交。交叉线的上一部分在实际加工中将被切掉(称为过切),使得推杆在这一部分的运动规律无法实现,这种现象称为运动失真。为了避免以上两种情况的产生,就必须保证 $\rho_{amin} > 0$,亦即必须保证 $\rho_{min} > r_r$,通常取 $r_r \leq 0.8 \rho_{min}$。但滚子半径也不宜过小,因过小的滚子将会使滚子与凸轮之间的接触应力增大,且滚子本身的强度不足。为了解决上述问题,一般可增大凸轮的基圆半径 r_0,以使 $\rho_{min} > r_r$。

2. (1) 增大基圆半径。
   (2) 选择合理的推杆偏置方向。

3. (1) 推杆上所受法向力的方向与受力点速度方向之间所夹的锐角,称为凸轮机构的压力角。
   (2) 压力角在理论轮廓上度量。
   (3) 当推动推杆运动的有效分力一定时,压力角 α 越大,则有害分力就越大,凸轮推动推杆就越费力,从而使凸轮机构运动不灵活,效率低。

4. (1) 推杆的导路线应偏于凸轮回转中心的左侧较合理;(2) 因为凸轮机构压力角

的表达式为 $\tan\alpha = \dfrac{|ds/d\varphi \mp e|}{\sqrt{r_0^2 - e + s}}$。当凸轮顺时针方向转动时,导路线偏于凸轮回转中心的左侧,可使压力角表达式分子中偏距"e"前边的符号取"$-$",从而使推程压力角减小。

5.（1）更换滚子后推杆的运动规律和推杆的最大摆角发生变化。

（2）在用反转法设计凸轮时,按运动规律设计出来的是凸轮的理论轮廓,是凸轮运动过程中滚子中心点的轨迹。如果凸轮的实际轮廓不变,滚子半径发生变化,滚子中心点的轨迹与原设计的理论轮廓不再重合了,所以运动规律及最大摆角就发生变化。

6.（1）推杆的运动规律不发生变化。

（2）一样。因为平底凸轮的轮廓是用平底的各个位置包络出来的,与偏置方向无关。

7.（1）两个不同轮廓曲线的凸轮,可能实现同样的运动规律。

（2）凸轮的运动规律决定凸轮的理论廓线,只要理论廓线不变,运动规律就不会发生变化。所以,对于尖顶推杆凸轮机构,两个不同轮廓曲线的凸轮,不能实现同样的运动规律;而对于滚子推杆凸轮机构,两个不同轮廓曲线的凸轮,能实现同样的运动规律（因为当理论轮廓不变时,采用不同的滚子半径可包络出不同的实际轮廓）。

8.（1）设滚子半径为 r_r,理论廓线曲率半径为 ρ,实际廓线曲率半径为 ρ_a。对于外凸的凸轮廓线,有 $\rho_a = \rho - r_r$;对于内凹的凸轮廓线,有 $\rho_a = \rho + r_r$。如果滚子半径选择不当,会导致当 $\rho_a < 0$ 时,使实际轮廓变尖或相交。

（2）增大凸轮的基圆半径 r_0。

9. 对称。因为运动规律曲线决定凸轮的理论轮廓,运动规律曲线对称,理论轮廓就对称。

三、分析计算题

1. 如图 4.13 所示。

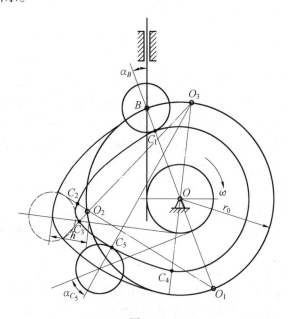

图 4.13

2. (1) 如图 4.14 所示,连接 OA 并双向延长,分别与凸轮轮廓交于 C、D 点,AC 长度即为凸轮的基圆半径,其值为

$$r_0 = OC - OA = 300 \text{ mm} - 200 \text{ mm} = 100 \text{ mm}$$

升程 h 为

$$h = AD - AC = 2AO = 400 \text{ mm}$$

(2) 连接 AO,并延长与凸轮轮廓交于 D 点。当凸轮处在 C 点位于 A 点正上方时,推杆处于最低位置,当凸轮运动至 D 点位于 A 点正上方时,推杆处于最高位置,所以

$$\Phi_0 = \Phi_0' = 180°, \quad \Phi_s = \Phi_s' = 0°$$

(3) 由于推杆的运动方向与凸轮的受力方向的夹角始终为 0,所以

$$\alpha_{\max} = \alpha_{\min} = 0°$$

(4) 设 AO 连线与水平线的夹角为凸轮的转角 δ,则推杆的位移为

$$s = AO + AO\sin\delta = 200 \text{ mm}(1 + \sin\delta)$$

因而推杆的速度为

$$v = \dot{s} = 200 \text{ mm } \omega_1 \cos\delta$$

推杆的加速度为

$$a = \dot{v} = -200 \text{ mm } \omega_1^2 \sin\delta$$

(5) 当 AO 呈水平位置时,$\delta = 0°$ 或 $\delta = 180°$,此时

$$v = \dot{s} = 200 \text{ mm } \omega_1 \cos\delta = 200 \text{ mm} \times 10\cos 0° \text{ mm} \cdot \text{s}^{-1} = 2\,000 \text{ mm} \cdot \text{s}^{-1}$$

或

$$v = \dot{s} = 200 \text{ mm } \omega_1 \cos\delta = 200 \text{ mm} \times 10\cos 180° \text{ mm} \cdot \text{s}^{-1} = -2\,000 \text{ mm} \cdot \text{s}^{-1}$$

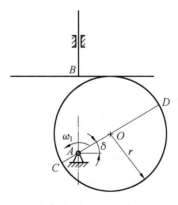

图 4.14

第 5 章　带传动与链传动

5.1　基本要求

(1) 了解带传动的类型、工作原理、特点及应用。
(2) 掌握带传动的受力分析、应力分析与应力分布图、弹性滑动和打滑的基本理论。
(3) 掌握带传动的失效形式、设计准则、普通 V 带传动的设计计算方法。
(4) 熟悉 V 带与 V 带轮的结构、标准与基本尺寸。
(5) 了解同步带传动的工作原理、特点及应用。
(6) 了解链传动的类型、工作原理、特点及应用。

5.2　重点与难点

5.2.1　重　点

(1) 带传动的受力分析、应力分析、弹性滑动与打滑。
(2) 带传动的失效形式、设计准则和 V 带传动的设计计算。
(3) 普通 V 带传动设计时的参数选择(型号、d_{d1}、a)。

5.2.2　难　点

1. 带传动的应力分析

带的应力分析是带的疲劳强度计算的依据,带在工作时所受的三种应力包括:由紧边、松边拉力产生的拉应力;由带的离心拉力引起的离心拉应力;带绕过带轮时产生的弯曲应力。应能正确画出应力分布图(图 5.1),并根据此图说明带产生疲劳破坏的原因——受循环变应力作用,并确定最大应力发生处——紧边绕上小带轮处,最大应力值为紧边拉应力、离心拉应力与带绕上小带轮引起的弯曲应力之和,即

$$\sigma_{max} = \sigma_1 + \sigma_{b1} + \sigma_c$$

2. 保证带传动不打滑的条件和影响因素

保证带传动不打滑的条件是,带与带轮之间的最大有效拉力大于带所需要传递的圆周力。

带与带轮之间的最大有效拉力主要取决于带与带轮之间的摩擦系数、小带轮包角和带的初拉力。

3. 弹性滑动现象

弹性滑动是带传动正常工作时的固有特性,传动带是个弹性体,只要其工作承受载

第 5 章 带传动与链传动

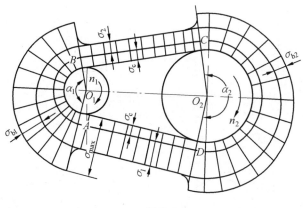

图 5.1

荷,就必然出现松边、紧边的拉力差,随之两边所产生弹性伸长量不同,所以弹性滑动是不可避免的。它是局部带在带轮局部接触弧面上发生的相对滑动,它使带传动中从动轮圆周速度低于主动轮圆周速度,并降低传动效率和引起传动带磨损,还使带传动不能保证准确的传动比。

5.3 典型范例解析

例 5.1 图 5.2(a)为 V 带传动的机构简图,小带轮为主动轮,转向如图所示,A 点为 V 带外表面上的一点,试在应力-时间(σ-t)图(图 5.2(b))中画出在一个应力循环周期内(带转动一周)A 点应力变化示意图(起始点至 B 点应力已画出),并在最大应力发生处标出最大应力的组成。

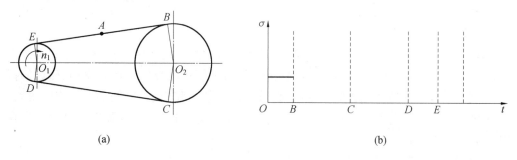

图 5.2

【解】 应力变化示意图如图 5.3 所示。

例 5.2 在图 5.4 中,图 5.4(a)为减速带传动,图 5.4(b)为增速带传动。这两个传动装置中,带轮的基准直径 $d_{d1} = d_{d4}$ 及 $d_{d2} = d_{d3}$,且传动中各带轮材料相同,传动的中心距 a、带的材料、尺寸及初拉力 F_0 均相同,两个传动装置分别以带轮 1 和带轮 3 为主动轮,其转数均为 n(r/min)。试分析:(1)哪个装置能传递的最大有效拉力大?为什么?(2)哪个装置传递的功率大?为什么?

【解】 (1) 因 $F_{max} = 2F_0 \dfrac{e^{f\alpha}-1}{e^{f\alpha}+1}$,依题意,式中各参数相等,故传递的最大有效拉力相

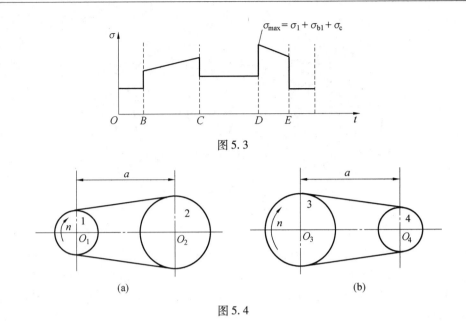

图 5.3

图 5.4

同。

（2）传递的功率为 $P = \dfrac{Fv}{1\,000}$，且 $v = \dfrac{\pi d_d n}{60 \times 1\,000}$，因带轮直径 $d_{d1} < d_{d3}$，故 $v_1 < v_3$，故图 5.4(b)所示装置传递的功率大。

5.4 习题与思考题解答

习题 5.1 带传动中的弹性滑动与打滑有什么区别？对传动有何影响？影响打滑的因素有哪些？如何避免打滑？

【答】 弹性滑动和打滑是两个截然不同的概念。打滑是指由于过载引起的全面滑动，是带传动的失效形式，应当避免。弹性滑动是由带材料的弹性变形和紧边、松边的拉力差引起的。只要带传动工作时承受载荷，就会出现紧边和松边，也就会发生弹性滑动，所以弹性滑动是不可避免的。打滑发生在带与带轮的整个接触弧上，弹性滑动只发生在带离开带轮前的一部分接触弧上。

弹性滑动会引起下列后果：

（1）从动轮的圆周速度总是落后于主动轮的圆周速度，不能保证固定的传动比。

（2）损失一部分能量，降低了传动效率，会使带的温度升高；引起传动带磨损打滑造成带的严重磨损，并使带的运动处于不稳定状态。

带传动所需要的有效拉力超过带与带轮间接触弧上极限摩擦力时，就会出现打滑现象，带与轮面间的摩擦系数、带轮的包角及初拉力 F_0 都是影响打滑的因素。

打滑是由于过载引起的，避免过载就可以避免打滑。

习题 5.2 带传动的失效形式有哪些？其计算准则如何？

【答】 带传动的失效形式是：打滑和疲劳破坏。

带传动的设计准则:在保证带传动不打滑的情况下,带具有一定的疲劳强度和使用寿命。

习题5.3 带传动的设计参数 α_1、d_{d1}、i_{12} 及 a 对带传动有何影响?

【答】 增大 α_1,可以提高带传动所能传递的有效拉力。增大 d_{d1},弯曲应力减小,承载能力增加。增大 i_{12},小带轮的包角减小,传动能力降低。增大 a,带的基准长度增大,单位时间内带中应力循环次数下降,寿命增加;传动比一定时,增大 a,小带轮的包角增大,传动能力增强。

习题5.4 带和带轮的摩擦系数、包角与有效拉力有何关系?

【答】 $$F_{\max}=2F_0\frac{e^{f\alpha}-1}{e^{f\alpha}+1}$$

由上式可见,随着包角及摩擦系数的增大,带传动所能传递的有效拉力增加。

习题5.5 与带传动相比,链传动有何优缺点?

【答】 优点:链传动具有准确的平均传动比,结构比较紧凑,作用于轴上的径向压力较小,承载能力较大和传动效率较高,在恶劣的工作条件(如高温、潮湿的条件)下仍能很好地工作。

缺点:链传动中链节易磨损而使链条伸长,从而使链造成跳齿,甚至脱链,不能保持恒定的瞬时传动比,工作时有噪声,不宜在载荷变化大和急速反向的传动中应用。

习题5.6 链传动有哪些主要参数,如何选择?

【答】 (1)传动比:推荐使用的最大传动比 $i_{\max}=8$。

(2)链速:一般不超过 15 m/s。

(3)链轮齿数:小链轮的最少齿数 $z_{1\min}\geqslant 17$,考虑到链的使用寿命,z_2 不宜过大,否则磨损后易造成脱链,一般推荐 $z_2<120$。通常链节数取偶数,两链轮齿数最好互质。

(4)链节距:节距增大时,链条中的各零件的尺寸也相应增大,可传递的功率也随之增大。

(5)链排数:当传递较大的载荷时,可采用双排链或多排链。多排链的承载能力与排数成正比。但由于精度影响,各排链所受载荷不易均匀,所以排数不宜过多。

(6)中心距:通常初选中心距 $a_0=(30\sim 50)p$,最大中心距可取 $a_{0\max}=80p$。

习题5.7 为什么说带传动打滑通常发生在小带轮,而链传动脱链现象一般发生在大链轮?

【答】 小带轮上的包角小,所能传递的有效拉力比大带轮小,故打滑通常发生在小带轮。

在链节磨损后,链轮齿数越多,分度圆直径的增量 Δd 就越大,越容易发生脱链现象,因大链轮齿数多,故链传动脱链现象一般发生在大链轮。

习题5.8 为什么说 V 带传动不能保证准确的传动比,而链传动虽有确定的平均传动比,但其瞬时传动比是变化的?

【答】 弹性滑动使从动轮的圆周速度总是落后于主动轮的圆周速度,且弹性滑动是由带材料的弹性变形和紧边、松边的拉力差引起的,只要带传动承受载荷,就出现紧边和松边,就一定会发生弹性滑动,因此弹性滑动是不可避免的。故 V 带传动不能保证准确的传动比。

链传动存在多边形效应,其瞬时链速和瞬时传动比都是变化的。当主动轮以角速度 ω_1 回转时,链轮分度圆的圆周速度为 $d_1\omega_1/2$。它在沿链节中心线方向的分速度,即为链条的线速度 $v = \dfrac{d_1\omega_1}{2}\cos\theta$($\theta$ 为啮入过程中链节铰链在主动轮上的相位角,θ 的变化范围是 $[-180°/z,0°]$)。当 $\theta = 0°$ 时,链速最大,$v_{\max} = d_1\omega_1/2$;当 $\theta = 180°/z_1$ 时,链速最小,$v_{\min} = \dfrac{d_1\omega_1}{2}\cos\dfrac{180°}{z_1}$。

链轮每转过一齿,链速就变化一个周期。当 ω_1 为常数时,瞬时链速和瞬时传动比都做周期性变化。

习题 5.9 设计由电动机驱动的普通 V 带传动。已知电动机功率 $P = 7.5$ kW,转速 $n_1 = 1\,440$ r·min^{-1},传动比 $i_{12} = 3$,其允许偏差为 $\pm 5\%$,双班工作,载荷平稳。

【解】 1. 确定计算功率

由教材查取工作情况系数 $K_A = 1.2$,$P_c = K_A P = 1.2 \times 7.5$ kW $= 9$ kW。

2. 选择 V 带型号

根据 $P_c = 9$ kW 和 $n_1 = 1\,440$ r·min^{-1},查教材,选用 A 型带。

3. 确定带轮直径

(1) 由教材选取 A 型带带轮基准直径 $d_{d1} = 125$ mm。

(2) 验算带速。

$$v = \frac{\pi d_{d1} n_1}{60 \times 1\,000} = \frac{\pi \times 125 \text{ mm} \times 1\,440 \text{ r·min}^{-1}}{60 \times 1\,000} = 9.42 \text{ m·s}^{-1}$$

在 5~25 m/s 范围内,故合适。

(3) 确定大带轮基准直径 d_{d2}。

取 $\varepsilon = 0.02$,有

$$d_{d2} = \frac{n_1}{n_2} d_{d1}(1-\varepsilon) = i_{12} d_{d1}(1-\varepsilon) = 3 \times 125 \text{ mm} \times (1-0.02) = 367.5 \text{ mm}$$

查表,取 $d_{d2} = 375$ mm。

(4) 验算传动比误差。

理论传动比为 $i = 3$

实际传动比为

$$i' = \frac{d_{d2}}{d_{d1}(1-\varepsilon)} = \frac{375 \text{ mm}}{125 \text{ mm} \times (1-0.02)} = 3.06$$

传动比误差为

$$\Delta i = \left|\frac{i-i'}{i}\right| = \left|\frac{3-3.06}{3}\right| = 0.02 = 2\%$$

因 $\Delta i < 5\%$,故合适。

4. 确定中心距 a 及带的基准长度 L

(1) 初选中心距。

$$0.7 \times (125 \text{ mm} + 375 \text{ mm}) \leq a_0 \leq 2 \times (125 \text{ mm} + 375 \text{ mm})$$

即 $350 \text{ mm} \leq a_0 \leq 1\,000 \text{ mm}$,取 $a_0 = 500 \text{ mm}$。

(2) 确定 V 带基准长度 L。

计算 V 带的基准长度

$$L'_d = 2a_0 + \frac{\pi}{2}(d_{d1} + d_{d2}) + \frac{(d_{d2} - d_{d1})^2}{4a_0} =$$

$$2 \times 500 \text{ mm} + \frac{\pi}{2}(125 \text{ mm} + 375 \text{ mm}) + \frac{(375 \text{ mm} - 125 \text{ mm})^2}{4 \times 500 \text{ mm}} = 1\,816.3 \text{ mm}$$

查教材,选带的基准长度 $L = 1\,800 \text{ mm}$。

(3) 计算实际中心距 a。

$$a \approx a_0 + \frac{(L_d - L'_d)}{2} = 500 \text{ mm} + \frac{(1\,800 \text{ mm} - 1\,816.3 \text{ mm})}{2} = 491.9 \text{ mm}$$

5. 验算小带轮包角 α

$$\alpha = 180° - \frac{d_{d2} - d_{d1}}{a} \times 57.3° = 180° - \frac{375 \text{ mm} - 125 \text{ mm}}{491.9} \times 57.3° = 150.23° > 120°$$

6. 确定 V 带根数

(1) 单根 V 带传递的额定功率 P_1。

由教材查得单根 V 带传递的额定功率 $P_1 = 1.91 \text{ kW}$。

(2) 由教材查得单根 V 带传递的额定功率增量 $\Delta P_1 = 0.17 \text{ kW}$。

(3) 由教材查得包角系数 $K_\alpha = 0.92$。

(4) 由教材查得长度系数 $K_L = 1.01$。

(5) 计算 V 带根数。

$$z = \frac{P_c}{(P_1 + \Delta P_1)K_\alpha K_L} = \frac{9 \text{ kW}}{(1.91 \text{ kW} + 0.17 \text{ kW}) \times 0.92 \times 1.01} = 4.66$$

取 $z = 5$ 根。

7. 计算初拉力 F_0 和压轴力 Q

由教材查得

$$F_0 = \frac{500 P_c}{zv}\left(\frac{2.5}{K_\alpha} - 1\right) + qv^2 = \frac{500 \times 9 \text{ kW}}{5 \times 9.42 \text{ m} \cdot \text{s}^{-1}}\left(\frac{2.5}{0.92} - 1\right) + 0.1 \times (9.42 \text{ mm})^2 = 172.96 \text{ N}$$

$$Q = 2zF_0\sin(\alpha_1/2) = 2 \times 5 \times 172.96 \text{ N}\sin(150.23°/2) = 1\,671.56 \text{ N}$$

8. 带轮工作图(略)

习题 5.10 设计用于带式运输机的链传动,已知电动机功率 $P = 3.5 \text{ kW}$,转速 $n_1 = 320 \text{ r} \cdot \text{min}^{-1}$,从动轮转速 $n_2 = 100 \text{ r} \cdot \text{min}^{-1}$,载荷平稳,中心距可以调节。

【解】 (1) 确定链轮齿数 z_1 和 z_2。

假设 $v \leq 3 \text{ m/s}$,查教材,选 $z_1 = 17$,传动比 $i = \frac{n_1}{n_2} = \frac{320}{100} = 3.2$,$z_2 = iz_1 = 3.2 \times 17 \approx 55$。

由教材查得齿数系数 $f_z = 1.55$。

(2) 确定计算功率 P_c。

由教材查得工况系数 $f_1 = 1.0$,则
$$P_c = P f_1 f_2 = 3.5 \text{ kW} \times 1.0 \times 1.55 = 5.425 \text{ kW}$$

(3) 选择链条型号。

当 $P_c = 5.425$ kW 和 $n_1 = 320$ r·min^{-1} 时,由教材查得适用的链条为 16A,链条节距为 25.4 mm。

(4) 计算链节数和链传动实际中心距。

初定中心距 $a_0 = 40p$,有
$$L_p = \frac{2a_0}{p} + \frac{z_1 + z_2}{2} + \left(\frac{z_2 - z_1}{2\pi}\right)^2 \frac{p}{a_0} = \frac{2 \times 40p}{p} + \frac{17 + 55}{2} + \left(\frac{55 - 17}{2\pi}\right)^2 \frac{p}{40p} = 116.92 \text{ 节}$$

取链节数为偶数,故选取 $L_p = 116$ 节。

计算理论中心距
$$a = \frac{p}{4}\left[\left(L_p - \frac{z_1 + z_2}{2}\right) + \sqrt{\left(L_p - \frac{z_1 + z_2}{2}\right)^2 - 8\left(\frac{z_2 - z_1}{2\pi}\right)^2}\right] =$$
$$\frac{25.4 \text{ mm}}{4}\left[\left(116 - \frac{17 + 55}{2}\right) + \sqrt{\left(116 - \frac{17 + 55}{2}\right)^2 - 8\left(\frac{55 - 17}{2\pi}\right)^2}\right] = 1\,004.24 \text{ mm}$$

实际中心距
$$a' = a - \Delta a = 1\,004.24 \text{ mm} - 0.003 \times 1\,004.24 \text{ mm} = 1\,001.23 \text{ mm}$$

(5) 计算链速。
$$v = \frac{n_1 z_1 p}{60 \times 1\,000} = \frac{320 \text{ r·min}^{-1} \times 17 \times 25.4 \text{ mm}}{60 \times 1\,000} = 2.30 \text{ m·s}^{-1}$$

符合原来的假设。

(6) 确定润滑方式。

根据节距 25.4 mm 和链速 2.30 m/s,由教材确定为浸油或飞溅润滑。

(7) 链轮设计(略)。

5.5 自 测 题

一、填空题

1. 柔性体摩擦的欧拉公式中,紧边拉力与松边拉力的比值取决于_____。
2. V 带传动比不恒定主要是由于存在_____。
3. 选取 V 带型号时,依据的参数是_____。
4. 带传动中,带在带轮上即将打滑而尚未打滑的临界状态下,紧边拉力 F_1 与松边拉力 F_2 之间的关系为_____。

二、问答题

1. 带传动为什么要设计张紧装置?
2. 根据欧拉公式来分析用什么措施可使带传动能力提高?
3. 请指出图 5.5 所示结构中的错误,并改正。

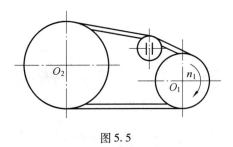

图 5.5

5.6 自测题参考答案

一、填空题

1. 包角 摩擦系数
2. 弹性滑动
3. 带传动的功率、小带轮的转速
4. $F_1 = F_2 e^{f\alpha_1}$

二、问答题

1. 见教材。

2. 由 $F_{max} = 2F_0 \dfrac{e^{f\alpha}-1}{e^{f\alpha}+1}$ 可知,增大初拉力 F_0、带与轮面间的摩擦系数 f 和带轮的包角 α 均可使带传动能力提高。

3. 张紧轮应置于松边内侧,且靠近大带轮处。现置于紧边内侧并靠近小带轮,使小带轮包角减少较大,并易引起振动。

第6章 齿轮传动

6.1 基本要求

（1）了解齿轮机构类型及应用,齿廓实现定传动比的条件,渐开线齿廓,圆柱齿轮参数及其尺寸计算,渐开线标准齿轮啮合传动,齿廓加工原理,变位齿轮传动,斜齿圆柱齿轮传动。

（2）掌握齿数、模数、压力角、螺旋角、重合度等基本概念。

（3）掌握渐开线圆柱齿轮基本尺寸的计算。

（4）掌握齿轮传动的失效形式、失效部位,以及针对不同失效形式的设计计算准则。

（5）掌握选用齿轮材料及热处理方式的基本要求。

（6）理解计算载荷的定义及载荷系数的物理意义、影响因素。

（7）掌握齿轮传动的受力分析方法,包括假设条件、力的作用点、各分力大小的计算与各分力方向的判断。

（8）掌握直齿圆柱齿轮传动的齿面接触疲劳强度和齿根弯曲疲劳强度计算的力学模型、理论依据、力作用点及计算点（或截面）、应力的类型及变化特性。

（9）掌握斜齿圆柱齿轮传动强度计算的特点。

（10）掌握直齿圆锥齿轮传动强度计算的特点。

（11）掌握齿轮传动的结构设计,精度和公差的选择。

6.2 重点与难点

6.2.1 重点

（1）渐开线齿轮传动的啮合原理、基本理论及齿轮几何参数计算。

（2）一对齿轮传动的啮合过程,斜齿轮的当量齿数的概念。

（3）齿轮传动的失效形式分析和设计准则。

（4）斜齿圆柱齿轮的各分力大小计算和轴向力 F_a 的方向判断,各类齿轮传动的综合受力分析。

（5）圆柱齿轮传动接触强度和弯曲强度计算理论与方法。

（6）齿轮传动设计中主要参数的选择（Z_1,φ_a,β,x）及参数的协调与中心距圆整。

6.2.2 难点

1. 渐开线齿轮传动的啮合原理

啮合起始点:从动轮的齿顶圆与啮合线的交点;啮合终止点:主动轮的齿顶圆与啮合

线的交点;实际啮合线段:啮合点的实际轨迹;理论啮合线段:理论上可能的最长啮合线段。两轮轮齿在啮合起始点开始啮合,在啮合终止点脱离啮合。

渐开线直齿圆柱齿轮传动的正确啮合条件是两轮的模数和压力角分别相等;渐开线斜齿圆柱齿轮传动的正确啮合条件是两轮的模数和压力角分别相等、螺旋角大小相等旋向相反(外啮合)或相同(内啮合);直齿圆锥齿轮的正确啮合条件是两圆锥齿轮的大端模数和压力角分别相等。

渐开线齿轮连续传动的条件为重合度大于1,重合度越大,表示同时啮合的轮齿对数越多,传动越平稳,每个齿所受的力也越小。

2. 齿轮传动的失效形式分析

3. 斜齿圆柱齿轮所受各分力方向的判断

径向力 F_r 的方向:对于外齿轮,F_r 总是指向轮心;对于内齿轮,F_r 则总是背向轮心。

圆周力 F_t 的方向:对于主动轮,F_t 与受力点的运动方向相反;对于从动轮,F_t 与受力点的运动方向相同。

轴向力 F_a 的方向:按左右手定则来判断。

左右手定则:对于主动轮,轮齿左旋用左手,右旋用右手,四指弯曲方向表示轮的转动方向,拇指伸直时所指的方向就是所受轴向力的方向。

左右手定则中的三个因素(轮齿旋向、轮的转向、轴向力的方向)中,知道任何两个,可判断第三个。

外啮合的两个斜齿轮的轮齿旋向相反,内啮合的两个斜齿轮的轮齿旋向相同。

轮齿旋向(螺旋线方向)的判别:当轮轴垂直放置时,螺旋线向左升高,即为左旋;向右升高,即为右旋。若轮轴水平放置,则相反。

4. 齿轮传动设计中的中心距圆整

圆整的方法有:①采用变位齿轮;②调整齿轮参数;③调整螺旋角(斜齿轮)。

5. 齿轮参数的选择

(1)齿宽系数 ϕ_d。齿宽系数等于齿轮宽度 b 与齿轮分度圆直径 d_1 之比。即 $\varphi_d = b/d_1$。

载荷一定时,增大齿宽系数,可以减小齿轮直径和中心距,使齿轮传动结构紧凑。但是,增大齿宽系数使得齿宽增大,而齿宽越大,载荷沿齿宽分布的不均匀性就越严重,因此,必须合理地选择齿宽系数。

(2)小齿轮的齿数 z_1。若保持分度圆直径不变,增加齿数,除能增大重合度、改善传动的平稳性外,还可减小模数,从而减少齿槽中被切掉的金属量,可节省制造费用。因此,在满足齿根弯曲疲劳强度的条件下,以齿数多一些为好。

闭式齿轮传动一般转速较高,为了提高传动的平稳性,小齿轮的齿数宜选多一些,可取 z_1 为 20~40;开式齿轮传动一般转速较低,齿面磨损会使轮齿的抗弯能力降低。为使轮齿不致过小,小齿轮不宜选用过多的齿数,一般可取 z_1 为 17~20。

6.3 典型范例解析

例 6.1 已知一对正确安装的外啮合渐开线标准直齿圆柱齿轮,齿数 $z_1=20$、$z_2=41$,模数 $m=2$ mm,$h_a^*=1$,$c^*=0.25$,$\alpha=20°$,试计算齿轮的分度圆直径 d_1、d_2,基圆直径 d_{b1}、d_{b2},齿根圆直径 d_{f1}、d_{f2},分度圆上齿距 p,齿厚 s,齿槽宽 e 及中心距 a。

【解】 计算分度圆直径
$$d_1 = mz_1 = 2 \text{ mm} \times 20 = 40 \text{ mm}$$
$$d_2 = mz_2 = 2 \text{ mm} \times 41 = 82 \text{ mm}$$

计算基圆直径
$$d_{b1} = d_1 \cos\alpha = 40 \text{ mm} \times \cos 20° = 40 \text{ mm} \times 0.939\,7 = 37.59 \text{ mm}$$
$$d_{b2} = d_2 \cos\alpha = 82 \text{ mm} \times \cos 20° = 82 \text{ mm} \times 0.939\,7 = 77.06 \text{ mm}$$

计算齿顶圆直径
$$d_{a1} = d_1 + 2h_a^* m = 40 \text{ mm} + 2 \times 1 \times 2 \text{ mm} = 44 \text{ mm}$$
$$d_{a2} = d_2 + 2h_a^* m = 82 \text{ mm} + 2 \times 1 \times 2 \text{ mm} = 86 \text{ mm}$$

计算齿根圆直径
$$d_{f1} = d_1 - 2h_a^* m - 2c^* m = 40 \text{ mm} - 2 \text{ mm} \times 1 \times 2 - 2 \times 0.25 \times 2 \text{ mm} = 35 \text{ mm}$$
$$d_{f2} = d_2 - 2h_a^* m - 2c^* m = 82 \text{ mm} - 2 \text{ mm} \times 1 \times 2 - 2 \times 0.25 \times 2 \text{ mm} = 77 \text{ mm}$$

计算分度圆上的齿距、齿厚、齿槽宽
$$p = \pi m = 6.28 \text{ mm}$$
$$s = \frac{1}{2}\pi m = 3.14 \text{ mm}$$
$$e = \frac{1}{2}\pi m = 3.14 \text{ mm}$$

计算标准中心距
$$a = \frac{1}{2}m(z_1 + z_2) = 61 \text{ mm}$$

例 6.2 一对标准安装的外啮合斜齿圆柱齿轮传动(正常齿制)。已知:$z_1=24$,$z_2=48$,$m=4$ mm,$\alpha=20°$,中心距 $a=150$ mm。试计算:

(1)螺旋角 β 值;
(2)齿轮 1 的分度圆直径 d_1 及齿顶圆直径 d_{a1};
(3)齿轮 1 的当量齿数 z_{v1}。

【解】 (1)因为
$$a = m_n(z_1 + z_2)/2\cos\beta = 150 \text{ mm}$$
所以
$$\cos\beta = 0.96$$
解得
$$\beta = 16.3°$$

(2)
$$d_1 = z_1 m_n / \cos\beta = 100 \text{ mm}$$
$$d_{a1} = d_1 + 2h_a = d_1 + 2m_n = 108 \text{ mm}$$

(3) $z_{v1} = z_1/\cos^3\beta = 27$

例 6.3 一对标准直齿圆柱齿轮传动,小齿轮齿数 $z_1 = 20$,$[\sigma]_{F1} = 420$ MPa;大齿轮齿数 $z_2 = 60$,$[\sigma]_{F2} = 380$ MPa。试分析哪个齿轮的弯曲强度高?

【解】 由齿轮弯曲应力计算式和弯曲疲劳强度条件可知,比较两齿轮弯曲强度的高低,只需比较两齿轮的 $\dfrac{Y_{F1}}{[\sigma]_{F1}}$ 与 $\dfrac{Y_{F2}}{[\sigma]_{F2}}$,比值小的齿轮,其弯曲疲劳强度高。

小齿轮 $z_1 = 20$,查表得 $Y_{F1} = 2.91$,则

$$\frac{Y_{F1}}{[\sigma]_{F1}} = \frac{2.91}{420} = 0.0069$$

大齿轮 $z_2 = 60$,查表得 $Y_{F2} = 2.3$,则

$$\frac{Y_{F2}}{[\sigma]_{F2}} = \frac{2.3}{380} = 0.0061$$

由于 $\dfrac{Y_{F1}}{[\sigma]_{F1}} > \dfrac{Y_{F2}}{[\sigma]_{F2}}$,所以大齿轮具有较高的抗弯强度。

例 6.4 图 6.1 所示为直齿圆锥齿轮和斜齿圆柱齿轮组成的二级减速装置,已知小圆锥齿轮 1 为主动轮,其转动方向如图所示。斜齿圆柱齿轮分度圆螺旋角 $\beta = 11.6°$,螺旋角 β 的方向如图所示,分度圆上的圆周力 $F_{t3} = 9\,500$ N。试求:

(1) 斜齿圆柱齿轮所受轴向力 F_{a3} 的大小。
(2) 在图上标出圆锥齿轮 2 和斜齿轮 3 所受各力的方向。

【解】 (1) 计算轴向力 F_{a3} 的大小。

$$F_{a3} = F_{t3}\tan\beta = 9\,500 \times \tan 11.6° = 1\,950 \text{ N}$$

(2) 圆锥齿轮 2 和斜齿轮 3 所受各力方向如图 6.2 所示。

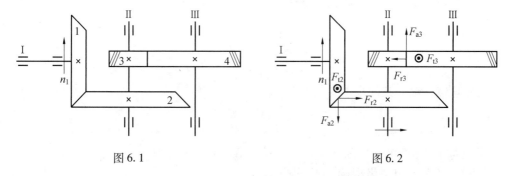

图 6.1　　　　　　　　　　图 6.2

6.4　习题与思考题解答

习题 6.1 欲使齿轮实现定角速比传动,相啮合的齿廓应满足什么条件?

【答】 欲使齿轮保持定角速比,不论齿廓在任何位置接触,过接触点所作的齿廓公法线都必须与连心线交于一定点。这就是齿轮实现定角速比传动的条件。

习题 6.2 什么称作标准齿轮?什么称作标准安装?

【答】 齿轮的模数 m、压力角 α、齿顶高系数 h_a^*、顶隙系数 c^* 均为标准值,而且分度

圆齿厚、齿槽宽相等的齿轮称作标准齿轮。

使两标准齿轮的节圆与分度圆相重合的安装称作标准安装。

习题 6.3 分度圆与节圆、啮合角与压力角各有什么区别？

【答】 为了便于齿轮的设计制造、检验和互换使用，把齿轮某一圆上的比值 p_K/π 和压力角规定为标准值，这个圆就是人为规定的分度圆。分度圆是单个齿轮本身所具有的。

节圆是以齿轮的回转中心为圆心，过节点所作的两个相切的圆，单一齿轮无节圆，只有在一对相啮合的齿轮安装后才有节圆。

两齿轮啮合时，两节圆总是相切的，而分度圆不一定相切。

啮合角是啮合线与两轮节圆内公切线之间所夹的锐角。

齿轮的压力角是指分度圆上的压力角，即分度圆齿廓上某点的法线与齿廓上该点速度方向线所夹的锐角。压力角是单个齿轮本身所具有的。标准压力角 $\alpha = 20°$。

标准齿轮传动只有在分度圆与节圆重合时，压力角与啮合角才相等。

习题 6.4 齿廓传动中的理论啮合线段和实际啮合线段有何区别？

【答】 两齿轮在啮合时，啮合点的实际轨迹为实际啮合线段。

当两轮齿顶圆加大时，实际啮合线段随之增长，但由于基圆内无渐开线，故啮合线与两轮基圆的切点所确定的线段为理论上可能的最大啮合线段，即理论啮合线段。

实际啮合线段总是小于等于理论啮合线段。

习题 6.5 渐开线齿轮的正确啮合条件和连续传动条件是什么？

【答】 渐开线直齿轮的正确啮合条件是

$$m_1 = m_2 = m$$
$$\alpha_1 = \alpha_2 = \alpha$$

渐开线斜齿轮传动的正确啮合条件为

$$\begin{cases} m_{n1} = m_{n2} = m_n \\ \alpha_{n1} = \alpha_{n2} = \alpha_n \\ \beta_1 = \pm\beta_2 \end{cases}$$

齿轮连续传动的条件是

$$\varepsilon = \frac{实际啮合线}{法向齿距} > 1$$

习题 6.6 标准渐开线圆柱齿轮的齿根圆是否都大于基圆？

【答】 不是。有时齿根圆小于基圆。

齿轮的基圆直径为

$$d_b = d\cos\alpha = mz\cos\alpha$$

齿轮的齿根圆直径为

$$d_f = d - 2h_f = mz - 2(h_a^* + c^*)m$$

基圆与齿根圆重合时，有

$$d_b = d_f$$

即

$$mz\cos\alpha = mz - 2(h_a^* + c^*)m$$

$$z = \frac{2(h_a^* + c^*)}{1 - \cos\alpha}$$

因此,齿数的多少决定了根圆与基圆的大小关系。

习题 6.7 当两渐开线标准直齿圆柱齿轮传动的安装中心距大于标准中心距时,传动比、啮合角、节圆半径、分度圆半径、基圆半径、顶隙和侧隙等是否发生变化?

【答】 传动比不变,啮合角变,节圆半径变,分度圆半径不变,基圆半径不变,顶隙变,侧隙变。

习题 6.8 常见的齿轮失效形式有哪些?失效的原因是什么?如何提高抗失效的能力?齿轮传动的设计准则如何?

【答】 1. 常见的齿轮失效形式、失效的原因及提高抗失效能力的措施

(1) 轮齿折断。轮齿折断一般发生在齿根部分,因为齿轮工作时轮齿可视为悬臂梁,齿根弯曲应力最大,而且有应力集中。轮齿根部受到脉动循环(单侧工作时)或对称循环(双侧工作时)的弯曲变应力多次作用后产生疲劳裂纹,随着应力循环次数的增加,疲劳裂纹逐步扩展,最后导致轮齿的疲劳折断。偶然的严重过载或大的冲击载荷,也会引起轮齿的突然脆性折断。轮齿折断是齿轮传动中最严重的失效形式,必须避免。

增大齿根圆角半径,降低表面粗糙度,减轻加工损伤,采用表面强化处理(如喷丸、辗压)等都有利于提高轮齿抗疲劳折断的能力。

(2) 齿面点蚀。齿轮工作时,齿面上会产生交变的接触应力,当某一局部的接触应力超过齿面材料的许用疲劳接触应力时,齿面就会出现微小的疲劳裂纹。随着应力循环次数的增加和封闭在裂纹中的润滑油的作用使裂纹扩展,最后导致金属表层粒状脱落而形成凹坑,即疲劳点蚀。

提高齿面硬度,降低齿面粗糙度,采用黏度高的润滑油,选择变位量较大的正变位齿轮等,均可提高齿面抗疲劳点蚀的能力。

(3) 齿面磨损。由于硬的屑粒等落入相啮合的齿面间,引起磨粒磨损。过度磨损使齿面材料大量损耗,齿廓形状被破坏,强度被削弱,导致严重的振动和噪声,最终失效。齿面磨损是开式齿轮传动的主要失效形式。

改用闭式传动,提高齿面硬度,降低齿面粗糙度,改善润滑条件,保持润滑油的清洁,可有效地减轻磨损。

(4) 齿面胶合。在高速重载传动中,因啮合部位局部过热使润滑失效,并使两齿面金属相互粘着,随着齿面的相对滑动,较软的齿面金属沿滑动方向被撕成沟纹,造成失效。这种现象称为齿面胶合。在低速重载传动中,由于齿面间的润滑油膜不易形成,也可能产生齿面胶合。

提高齿面硬度,降低齿面粗糙度,对低速传动采用黏度较大的润滑油,对高速传动采用含抗胶合添加剂的润滑油,可提高传动的抗胶合能力。

(5) 轮齿塑性变形。在过载严重、启动频繁的齿轮传动中,较软的齿面上可能产生局部塑性变形,甚至齿体产生塑性变形,从而使齿廓失去正确的形状,导致失效。

提高齿面硬度和润滑油的黏度,可有效地防止齿面的塑性变形。

2. 齿轮传动的设计准则

(1) 对于软齿面闭式齿轮传动,常因齿面点蚀而失效,故通常先按齿面接触疲劳强度

进行设计,然后校核齿根弯曲疲劳强度。

(2) 对于硬齿面闭式齿轮传动,其齿面接触承载能力较大,故通常先按齿根弯曲疲劳强度进行设计,然后校核齿面接触疲劳强度。

(3) 对于开式传动的齿轮,其主要失效形式是齿面磨损和磨损后出现齿根弯曲疲劳折断,因此按齿根弯曲疲劳强度进行设计。考虑到齿面磨损后轮齿变薄对齿根弯曲疲劳强度的影响,应将计算得到的模数值适当增大。

习题 6.9 斜齿圆柱齿轮传动与直齿圆柱齿轮传动相比有哪些优缺点?

【答】 与直齿轮相比,斜齿轮具有以下优点:

(1) 运转平稳,噪声小。

(2) 承载能力较大。

(3) 不根切的最少齿数小于直齿轮的最少齿数。

缺点:有轴向分力。

习题 6.10 下列两对齿轮中,哪一对齿轮的接触疲劳强度大?哪一对齿轮的弯曲疲劳强度大?为什么?

(1) $z_1=20, z_2=40, m=4$ mm, $\alpha=20°$;

(2) $z_1=40, z_2=80, m=2$ mm, $\alpha=20°$。

其他条件(传递的转矩 T_1、齿宽 b、材料及热处理硬度和工作条件)相同。

【答】 由已知条件可知,两对齿轮的许用应力 $[\sigma]_H$ 和 $[\sigma]_F$ 相同。

两对齿轮的中心距相同,故两对齿轮的接触疲劳强度相同。

第一对齿轮的 $m=4$ mm,第二对齿轮的 $m=2$ mm,所以第一对齿轮的弯曲应力 σ_F 小于第二对齿轮的弯曲应力 σ_F,故第一对齿轮的弯曲疲劳强度大。

习题 6.11 一对标准内啮合正常齿直齿圆柱齿轮的齿数比 $u=3/2$,模数 $m=2.5$ mm,中心距 $a=120$ mm,试求出两齿轮的齿数和分度圆直径、小齿轮的齿顶高和齿根高。

【解】 设小齿轮齿数为 z_1,大齿轮齿数为 z_2

$$\left.\begin{array}{l} a=\dfrac{m}{2}(z_2-z_1) \\ \dfrac{z_2}{z_1}=u \end{array}\right\} \Rightarrow \left\{\begin{array}{l} z_2-z_1=\dfrac{2a}{m}=\dfrac{2\times120}{2.5} \\ \dfrac{z_2}{z_1}=\dfrac{3}{2} \end{array}\right.$$

可得两齿轮的齿数

$$z_1=192, \quad z_2=288$$

两齿轮的齿数和分度圆直径

$$d_1=z_1m=192\times2.5 \text{ mm}=480 \text{ mm}, \quad d_2=z_2m=288\times2.5 \text{ mm}=720 \text{ mm}$$

小齿轮的齿顶高

$$h_{a1}=h_a^*m=1\times2.5 \text{ mm}=2.5 \text{ mm}$$

小齿轮的齿根高

$$h_{f1}=(h_a^*+c^*)m=1.25\times2.5 \text{ mm}=3.125 \text{ mm}$$

习题 6.12 一对标准外啮合斜齿圆柱齿轮的传动比 $i=4.3$,中心距 $a=170$ mm,小齿

轮齿数 $z_1 = 21$,试确定齿轮的主要参数 m_n、β、d_1、d_2。

【解】 大齿轮齿数
$$z_2 = z_1 i = 21 \times 4.3 = 90.3$$
取
$$z_2 = 90$$
又因 $a = \dfrac{m_n(z_1+z_2)}{2\cos\beta}$,得
$$\frac{m_n}{\cos\beta} = \frac{2a}{z_1+z_2} = \frac{2 \times 170 \text{ mm}}{21+90} = 3.0631 \text{ mm}$$
因 $\beta = 8° \sim 20°$,故
$$m_n = 3.0631 \times \cos\beta = 3.0631 \times (\cos 8° \sim \cos 20°) = (2.878 \sim 3.033) \text{ mm}$$
查教材取 $m_n = 3$ mm,此时
$$\beta = \arccos\frac{m_n}{3.0631} = 11.646°$$
$$d_1 = \frac{z_1 m_n}{\cos\beta} = 21 \times 3.0631 \text{ mm} = 64.324 \text{ mm}$$
$$d_2 = \frac{z_2 m_n}{\cos\beta} = 90 \times 3.0631 \text{ mm} = 275.676 \text{ mm}$$

习题 6.13 图 6.3 所示为一对斜齿圆柱齿轮传动,两轮的转向及轮齿旋向如图所示,试分别在图上标出当轮 1 为主动时和当轮 2 为主动时两轮所受各分力的方向。

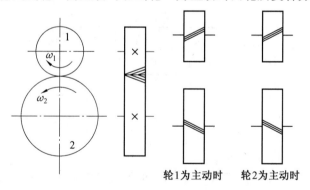

图 6.3

【解】 两轮所受各分力的方向如图 6.4 所示。

习题 6.14 图 6.5 所示为圆锥-圆柱齿轮减速器,已知输入轴 Ⅰ 的转向 n_1,要求 Ⅱ 轴上两轮所受轴向力方向相反,试在图上标出斜齿轮 3、4 的轮齿旋向、各轮的转向及作用在各轮上的圆周力、径向力和轴向力的方向。

【解】 答案如图 6.6 所示。

习题 6.15 如图 6.7 所示,一台二级标准斜齿圆柱齿轮减速器,已知齿轮 2 的模数 $m_n = 3$ mm,齿数 $z_2 = 51$,$\beta = 15°$,旋向如图所示;齿轮 3 的模数 $m_n = 5$ mm,$z_3 = 17$。试问:

(1) 使中间轴 Ⅱ 上两齿轮的轴向力方向相反,斜齿轮 3 的旋向应如何选择?

(2) 若主动轴 Ⅰ 转向如图 6.7 所示,标明齿轮 2 和齿轮 3 的圆周力 F_t、径向力 F_r 和

轴向力F_a的方向。

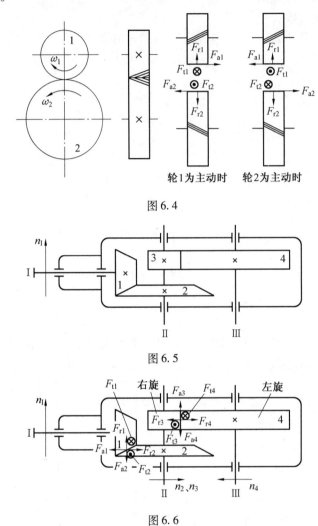

图 6.4

图 6.5

图 6.6

(3) 斜齿轮 3 的螺旋角 β 应取多大值,才能使Ⅱ轴的轴向力相互抵消?

【解】 (1)使中间轴Ⅱ上两齿轮的轴向力方向相反,斜齿轮 3 的旋向应为左旋,答案如图 6.8 所示。

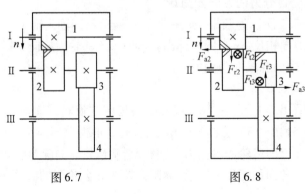

图 6.7　　　　　图 6.8

（2）齿轮2和齿轮3的圆周力F_t、径向力F_r和轴向力F_a的方向如图6.8所示。

（3）齿轮2和齿轮3上的转矩相同，若要使Ⅱ轴的轴向力相互抵消，齿轮2和齿轮3上的轴向力也相同，由此可得

$$\begin{cases} F_{t2}\dfrac{d_2}{2} = F_{t3}\dfrac{d_3}{2} \\ F_{a2} = F_{t2}\tan\beta_2 = F_{t3}\tan\beta_3 = F_{a3} \end{cases} \Rightarrow d_2\tan\beta_3 = d_3\tan\beta_2$$

即

$$\sin\beta_3 = \frac{z_3 m_{n3}}{z_2 m_{n2}}\sin\beta_2 = \frac{17\times 5}{51\times 3}\sin 15° = 0.144$$

可得
$$\beta_3 = 8.27°$$

即斜齿轮3的螺旋角$\beta_3 = 8.27°$时，才能使Ⅱ轴的轴向力相互抵消。

习题6.16 试设计一闭式斜齿圆柱齿轮传动，已知$P_1 = 7.5$ kW，$n_1 = 1\,450$ r·min^{-1}，$n_2 = 700$ r·min^{-1}，齿轮对轴承为不对称布置，传动平稳，齿轮精度为7级，电动机驱动。

【解】 1. 材料选择

未要求结构紧凑，采用软齿面齿轮传动。小齿轮选用45钢，调质处理，齿面平均硬度为236HBS；大齿轮选用45钢，正火处理，齿面平均硬度为190HBS。

2. 确定许用应力

根据齿轮的材料和齿面平均硬度，由教材查得

$$\sigma_{\text{Hlim1}} = 570 \text{ MPa}, \quad \sigma_{\text{Hlim2}} = 390 \text{ MPa}$$
$$\sigma_{\text{Flim1}} = 220 \text{ MPa}, \quad \sigma_{\text{Flim2}} = 170 \text{ MPa}$$

取$S_H = 1$、$S_F = 1.25$，则

$$[\sigma]_{H1} = \frac{\sigma_{\text{Hlim1}}}{S_H} = \frac{570 \text{ MPa}}{1} = 570 \text{ MPa}, \quad [\sigma]_{H2} = \frac{\sigma_{\text{Hlim2}}}{S_H} = \frac{390 \text{ MPa}}{1} = 390 \text{ MPa}$$

$$[\sigma]_{F1} = \frac{\sigma_{\text{Flim1}}}{S_F} = \frac{220 \text{ MPa}}{1.25} = 176 \text{ MPa}, \quad [\sigma]_{F2} = \frac{\sigma_{\text{Flim2}}}{S_F} = \frac{170 \text{ MPa}}{1.25} = 136 \text{ MPa}$$

3. 参数选择

（1）齿数z_1、z_2：因是软齿面，取$z_1 = 24$，$z_2 = iz_1 = \dfrac{n_1}{n_2}z_1 = \dfrac{1\,450 \text{ r·min}^{-1}}{700 \text{ r·min}^{-1}}\times 24 = 49.7$，取$z_2 = 49$。

（2）初选螺旋角：$\beta = 14°$。

（3）齿宽系数φ_d：对非对称布置、载荷稳定的斜齿轮传动，由教材查取$\varphi_d = 1.0$。

（4）载荷系数K：根据斜齿轮非对称布置、载荷稳定、7级精度，由教材查取$K = 1.1$。

（5）齿数比u：$u = \dfrac{z_2}{z_1} = \dfrac{49}{24} = 2.04$。

4. 按齿面接触强度设计

小齿轮传递的转矩

$$T_1 = 9.55\times 10^6 \frac{P_1}{n_1} = 9.55\times 10^6 \times \frac{7.5 \text{ kW}}{1\,450 \text{ r·min}^{-1}} = 4.94\times 10^4 \text{ N·mm}$$

$$[\sigma]_H = \min\{[\sigma]_{H1}, [\sigma]_{H2}\} = 390 \text{ MPa}$$

计算小齿轮的分度圆直径

$$d_1 \geq 75.6\sqrt[3]{\frac{KT_1(u+1)}{\phi_d u [\sigma]_H^2}} = 75.6\sqrt[3]{\frac{1.1 \times 4.94 \times 10^4 \text{ N} \cdot \text{mm} \times (2.04+1)}{1.0 \times 2.04 \times (390 \text{ MPa})^2}} = 61.27 \text{ mm}$$

5. 确定模数及中心距

模数：$m_n = \dfrac{d_1 \cos\beta}{z_1} = \dfrac{61.27 \text{ mm} \cos 14°}{24} = 2.48 \text{ mm}$，按教材取标准模数 $m_n = 2.5 \text{ mm}$。

中心距：$a = \dfrac{m_n(z_1+z_2)}{2\cos\beta} = \dfrac{2.5 \text{ mm} \times (24+49)}{2\cos 14°} = 94.043 \text{ mm}$，圆整，取 $a = 95 \text{ mm}$。

6. 修正螺旋角

$$\beta = \arccos\frac{m_n(z_1+z_2)}{2a} = \arccos\frac{2.5 \text{ mm} \times (24+49)}{2 \times 95 \text{ mm}} = 16.1522° = 16°9'8''$$

7. 确定分度圆直径及齿宽

分度圆直径 $d_1 = \dfrac{z_1 m_n}{\cos\beta} = \dfrac{24 \times 2.5 \text{ mm}}{\cos 16.1522°} = 62.466 \text{ mm}$

$$d_2 = \frac{z_2 m_n}{\cos\beta} = \frac{49 \times 2.5 \text{ mm}}{\cos 16.1522°} = 127.534 \text{ mm}$$

齿宽 $b = \phi_d d_1 = 1.0 \times 62.466 \text{ mm} = 62.466 \text{ mm}$

取 $b_2 = 65 \text{ mm}, \quad b_1 = 70 \text{ mm}$

8. 校核齿根弯曲疲劳强度

当量齿数 $z_{v1} = \dfrac{z_1}{\cos^3\beta} = \dfrac{24}{\cos^3 16.1522°} = 27.08$

$$z_{v2} = \frac{z_2}{\cos^3\beta} = \frac{49}{\cos^3 16.1522°} = 55.29$$

根据当量齿数，由教材查得齿形系数 $Y_{F1} = 2.67, Y_{F2} = 2.32$。

齿形系数与许用弯曲应力的比值为

$$\frac{Y_{F1}}{[\sigma]_{F1}} = \frac{2.67}{176} = 0.0152, \quad \frac{Y_{F2}}{[\sigma]_{F2}} = \frac{2.32}{136} = 0.0171$$

因为 $Y_{F2}/[\sigma]_{F2}$ 较大，故需校核齿轮 2 的弯曲疲劳强度，由教材有

$$\sigma_{F2} = \frac{1.6 K T_1 Y_{F2}}{b d_1 m_n} = \frac{1.6 \times 1.1 \times 4.94 \times 10^4 \text{ N} \cdot \text{mm} \times 2.32}{65 \text{ mm} \times 62.466 \text{ mm} \times 2.5 \text{ mm}} = 19.9 \text{ MPa} < [\sigma]_{F2}$$

齿根弯曲疲劳强度满足。

9. 计算齿轮的其他几何尺寸（略）

10. 齿轮结构设计及零件工作图绘制（略）

习题 6.17 某一级斜齿圆柱齿轮减速器由电动机驱动，已知中心距 $a = 230 \text{ mm}$，$m_n = 3 \text{ mm}$，$z_1 = 25$，$z_2 = 125$，$b = 92 \text{ mm}$；小齿轮材料为 40Cr 调质，齿面硬度为 260~280HBS，大齿轮材料为 45 号钢调质，齿面硬度为 230~250HBS；小齿轮转速 $n_1 = 975 \text{ r} \cdot \text{min}^{-1}$，工作平稳，试求该减速器的许用功率。

第6章 齿轮传动

【解】 1. 确定齿轮的许用应力

已知小齿轮(参数下标用 1 表示)材料为 40Cr 调质,齿面硬度为 260～280HBS,大齿轮(参数下标用 2 表示)材料为 45 号钢调质,齿面硬度为 230～250HBS,由教材查得

$$\sigma_{\text{Hlim1}} = 730 \text{ MPa}, \quad \sigma_{\text{Hlim2}} = 570 \text{ MPa}$$
$$\sigma_{\text{Flim1}} = 310 \text{ MPa}, \quad \sigma_{\text{Flim2}} = 220 \text{ MPa}$$

取 $S_H = 1$,$S_F = 1.25$,则许用应力为

$$[\sigma]_{H1} = \frac{\sigma_{\text{Hlim1}}}{S_H} = \frac{730 \text{ MPa}}{1} = 730 \text{ MPa}, \quad [\sigma]_{H2} = \frac{\sigma_{\text{Hlim2}}}{S_H} = \frac{570 \text{ MPa}}{1} = 570 \text{ MPa}$$

$$[\sigma]_{F1} = \frac{\sigma_{\text{Flim1}}}{S_F} = \frac{310 \text{ MPa}}{1.25} = 248 \text{ MPa}, \quad [\sigma]_{F2} = \frac{\sigma_{\text{Flim2}}}{S_F} = \frac{220 \text{ MPa}}{1.25} = 176 \text{ MPa}$$

2. 确定齿轮参数

由

$$\begin{cases} a = \frac{1}{2}(d_1 + d_2) \\ \frac{d_2}{d_1} = \frac{z_2}{z_1} \end{cases}$$

可得

$$\begin{cases} d_1 = \frac{2a}{1 + \frac{z_2}{z_1}} = \frac{2 \times 230 \text{ mm}}{1 + \frac{125}{25}} = 76.67 \text{ mm} \\ d_2 = \frac{z_2}{z_1} d_1 = \frac{125}{25} \times 76.67 \text{ mm} = 383.33 \text{ mm} \end{cases}$$

由 $d_1 = \frac{m_n z_1}{\cos \beta}$ 得

$$\cos \beta = \frac{m_n z_1}{d_1} = \frac{3 \text{ mm} \times 25}{76.67 \text{ mm}} = 0.978$$

当量齿数

$$z_{v1} = \frac{z_1}{\cos^3 \beta} = \frac{25}{0.978^3} = 26.7$$

$$z_{v2} = \frac{z_2}{\cos^3 \beta} = \frac{125}{0.978^3} = 133.6$$

圆周速度 $\quad v_1 = \frac{\pi d_1 n_1}{60 \times 1\,000} = \frac{\pi \times 76.67 \text{ mm} \times 975 \text{ r} \cdot \text{min}^{-1}}{60 \times 1\,000} = 3.91 \text{ m/s}$

齿宽系数 $\quad \phi_d = \frac{b}{d_1} = \frac{92 \text{ mm}}{76.67 \text{ mm}} = 1.2$

齿数比 $\quad u = \frac{z_2}{z_1} = \frac{125}{25} = 5$

3. 确定载荷系数 K

由于是一级齿轮减速器,故齿轮相对于轴承应为对称布置,且为斜齿轮,工作平稳,圆周速度不大,但齿宽系数较大,故取载荷系数 $K = 1.1$。

4. 按齿面接触疲劳强度确定小齿轮所能传递的转矩 T_1

由于$[\sigma]_{H1} > [\sigma]_{H2}$,故按$[\sigma]_{H2}$确定接触强度。由教材得

$$657.3\sqrt{\frac{KT_1(u+1)}{bd_1^2 u}} \leq [\sigma]_{H2}$$

即 $T_1 \leq \left(\dfrac{[\sigma]_{H2}}{657.3}\right)^2 \dfrac{bd_1^2 u}{K(u+1)} = \left(\dfrac{570 \text{ MPa}}{657.3}\right)^2 \dfrac{92 \text{ mm} \times (76.67 \text{ mm})^2 \times 5}{1.1 \times (5+1)} = 308\ 096.9 \text{ N} \cdot \text{mm}$

5. 按齿根弯曲疲劳强度确定小齿轮所能传递的转矩 T_1

根据 z_{v1} 和 z_{v2},查教材可得两齿轮的齿形系数分别为

$$Y_{F1} = 2.676, \quad Y_{F2} = 2.18$$

齿形系数与许用弯曲应力的比值为

$$\frac{Y_{F1}}{[\sigma]_{F1}} = \frac{2.676}{248} = 0.010\ 8, \quad \frac{Y_{F2}}{[\sigma]_{F2}} = \frac{2.18}{176} = 0.012\ 4$$

因为 $\dfrac{Y_{F1}}{[\sigma]_{F1}} < \dfrac{Y_{F2}}{[\sigma]_{F2}}$,故按 $\dfrac{Y_{F2}}{[\sigma]_{F2}}$ 确定弯曲疲劳强度,由教材有

$$\frac{1.6 KT_1 Y_{F2}}{bd_1 m_n} \leq [\sigma]_{F2}$$

即 $T_1 \leq \dfrac{[\sigma]_{F2} bd_1 m_n}{1.6 KY_{F2}} = \dfrac{176 \text{ MPa} \times 92 \text{ mm} \times 76.67 \text{ mm} \times 3 \text{ mm}}{1.6 \times 1.1 \times 2.18} = 970\ 684.4 \text{ N} \cdot \text{mm}$

6. 确定该减速器的许用功率

由于该齿轮传动的接触强度小于弯曲强度,故按接触强度确定减速器的许用功率。

$$P = \frac{T_1 n_1}{9.55 \times 10^6} = \frac{308\ 096.9 \text{ N} \cdot \text{mm} \times 975 \text{ r} \cdot \text{min}^{-1}}{9.55 \times 10^6} = 31.5 \text{ kW}$$

即该减速器的许用功率为 31.5 kW。

6.5 自 测 题

一、填空题

1. 凡能实现预期传动比要求相互啮合传动的齿廓称为_____齿廓。

2. 一对渐开线直齿圆柱齿轮传动,已知实际中心距为 a',传动比为 i_{12},则其节圆半径 $r_1' = $_____,节圆半径 $r_2' = $_____;若已知齿轮 1 的基圆半径为 r_{b1},则啮合角 $\alpha' = $_____。

3. 一对标准内啮合正常齿直齿圆柱齿轮的齿数比 $u = 2$,模数 $m = 3$ mm,中心距 $a = 45$ mm,则小齿轮的齿数 $z_1 = $_____;小齿轮的分度圆直径 $d_1 = $_____ mm;小齿轮的齿顶圆直径 $d_{a1} = $_____ mm;小齿轮的基圆直径 $d_{b1} = $_____ mm。

4. 已知一对外啮合标准斜齿轮的 $z_1 = 21$、$z_2 = 77$,$\cos \beta = 0.98$,$m_n = 2$ mm,则这对齿轮的中心距 $a = $_____ mm,小齿轮的分度圆直径 $d_1 = $_____ mm。

5. 标准齿轮弯曲强度计算中所用的齿形系数 Y_F 的大小与齿轮的_____有关。

6. 开式齿轮传动的主要失效形式是_____和_____。

7. 齿轮传动的重合度越大,表示同时参与啮合的轮齿对数_____,齿轮传动也越

_____。

8. 对于闭式软齿面齿轮传动，_____是主要的失效形式。

9. 影响齿面接触疲劳强度的主要参数是_____，影响齿面接触疲劳强度的主要参数是_____。

10. 轮齿折断一般发生在_____部位，为防止轮齿折断，应进行_____强度计算。

二、问答题

1. 与带传动、链传动和蜗杆传动相比，齿轮传动有哪些主要优缺点？

2. 何谓齿廓的根切现象？如何避免根切？

3. 何谓渐开线齿轮传动的可分性？如令一对标准齿轮的中心距稍大于标准中心距，能不能传动？有什么不良影响？

4. 简述齿轮齿面点蚀失效产生的原因。

5. 齿轮的主要结构类型有哪些？什么情况下加工成齿轮轴？

6. 齿轮强度计算时，为什么应按计算载荷来计算？

7. 当大小齿轮都采用软齿面时，为什么应使小齿轮齿面硬度比大齿轮高 20~50HBS？

8. 一对圆柱齿轮传动，大、小齿轮的齿面接触应力是否相等？大、小齿轮的接触强度是否相等？两齿轮接触强度相等的条件是什么？

9. 在两级圆柱齿轮传动中，如其中有一级用斜齿圆柱齿轮传动，它一般被用在高速级还是低速级？为什么？

10. 试述齿形系数 Y_F 的物理意义，同一齿数的直齿圆柱齿轮、斜齿圆柱齿轮和直齿圆锥齿轮的 Y_F 值是否相同？

11. 直齿圆柱齿轮、斜齿圆柱齿轮、直齿圆锥齿轮各取什么位置的模数为标准值？

6.6　自测题参考答案

一、填空题

1. 共轭

2. $\dfrac{a'}{i_{12}+1}$　$\dfrac{i_{12}a'}{i_{12}+1}$　$\arccos\left(\dfrac{r_{b1}}{r_1'}\right)$ 或 $\arccos\left(\dfrac{(i_{12}+1)r_{b1}}{a'}\right)$

3. 30　90　96　84.572

4. 100　42.9

5. 齿数

6. 磨损　轮齿折断

7. 越多　平稳

8. 齿面点蚀

9. 分度圆直径（或中心距）　模数

10. 齿根　齿根弯曲疲劳

二、问答题

1. 见教材。

2. 范成法加工外齿轮时,被加工齿轮的根部被刀具的刀刃切去一部分,这种现象称为根切现象。要避免根切,通常有两种方法,一是增加被加工齿轮的齿数,二是改变刀具与齿轮的相对位置,即变位。

3. 渐开线齿轮传动的传动比等于两齿轮的节圆半径的反比,也等于基圆半径的反比,与中心距无关,所以具有可分性。如令一对标准齿轮的中心距稍大于标准中心距,这对齿轮能传动,只是中心距增大后,重合度下降,影响齿轮的传动平稳性。

4. 见教材。

5. 见教材。

6. 见教材。

7. 当大小齿轮都是软齿面时,考虑到小齿轮齿根较薄,弯曲强度较低,且受载次数较多,故在选择材料和热处理时,一般使小齿轮齿面硬度比大齿轮高 20~50HBS。

8. 在齿轮传动中,大小齿轮的实际接触应力是相等的,即 $\sigma_{H1} = \sigma_{H2}$。当大小齿轮的材料、热处理方式不相同时,两齿轮的许用接触应力通常是不相等的,即 $[\sigma]_{H1} \neq [\sigma]_{H2}$。只有当一对齿轮的许用接触应力相等时,即 $[\sigma]_{H1} = [\sigma]_{H2}$ 时,这对齿轮才具有相等的接触强度。

9. 斜齿圆柱齿轮传动应用在高速级。因为斜齿轮传动轮齿是逐渐进入啮合和脱离啮合,传动比较平稳,适合于高速传动,同时,高速级传递扭矩较小,斜齿轮产生的轴向力也较小,有利于轴承部件其他零件的设计。

10. 齿形系数 Y_F 反映了轮齿几何形状对齿根弯曲应力 σ_F 的影响。

直齿轮的齿形系数是根据齿数 z 查得的,斜齿轮和圆锥齿轮的齿形系数是用当量齿数 z_v 查得的,而斜齿轮的当量齿数 $z_v = z/\cos^3\beta$,圆锥齿轮的当量齿数 $z_v = z/\cos\delta$。所以,同一齿数的直齿圆柱齿轮、斜齿圆柱齿轮和直齿圆锥齿轮的 Y_F 值是不相同的。

11. 直齿圆柱齿轮取其端面模数(或称法面模数)为标准值。斜齿圆柱齿轮取其法面模数为标准值。直齿圆锥齿轮取其大端模数为标准值。

第 7 章 蜗杆传动

7.1 基本要求

(1) 了解蜗杆传动的特点及应用。
(2) 掌握普通圆柱蜗杆传动的主要参数及其选择原则。
(3) 掌握蜗杆传动的失效形式、设计准则;常用材料及选用原则;蜗杆、蜗轮的结构形式。
(4) 掌握蜗杆传动的受力分析(大小与方向)。
(5) 掌握蜗杆传动强度计算的特点。
(6) 了解对蜗杆传动进行效率计算和热平衡计算的意义和方法,熟悉提高传动效率和散热能力的措施。

7.2 重点与难点

7.2.1 重 点

(1) 蜗杆传动的特点及正确啮合条件。
(2) 蜗杆传动受力分析与运动分析。
(3) 蜗杆传动的失效形式、设计准则、材料选择及其强度计算特点。

7.2.2 难 点

1. 蜗杆传动受力分析与运动分析

在蜗杆与蜗轮的节点啮合处,齿面上所受的法向力可分解成三个相互垂直的分力,即圆周力 F_t、轴向力 F_a 和径向力 F_r。由于蜗杆轴与蜗轮轴交错成 90°,所以在蜗杆与蜗轮的齿面间相互作用着三对大小相等、方向相反的分力,即 $F_{t1}=-F_{a2}$;$F_{t2}=-F_{a1}$;$F_{r1}=-F_{r2}$。

径向力 F_r 的方向:F_r 总是指向各自的轮心。

圆周力 F_t 的方向:对于主动轮,F_t 与受力点的运动方向相反;对于从动轮,F_t 与受力点的运动方向相同。当然,若圆周力 F_t 的方向已知,也可通过 F_t 的方向来判断蜗杆或蜗轮的转动方向。

轴向力 F_a 的方向:① 可用圆周力的方向判断,即,F_{a1} 与 F_{t2} 方向相反;F_{a2} 与 F_{t1} 方向相反。② 按左右手定则来判断。

左右手定则:对于主动轮,轮齿左旋用左手,右旋用右手,四指弯曲方向表示轮的转动方向,拇指伸直时所指的方向就是所受轴向力的方向。

左右手定则中的三个因素(轮齿旋向、轮的转向、轴向力的方向)中,知道任何两个,可判断第三个。

相啮合的蜗杆与蜗轮的轮齿旋向一定相同,即同为左旋或同为右旋。

轮齿旋向的判别:当轮轴垂直放置时,螺旋线向左升高,即为左旋,向右升高,即为右旋。若轮轴水平放置,则相反。

2. 蜗杆传动的材料选择

蜗杆和蜗轮的材料不仅要求有足够的强度,更重要的要求具有良好的减摩性能、耐磨性能和跑合性能。蜗杆一般用碳素钢或合金钢制造,要求齿面光洁并具有较高的硬度。常用的蜗轮材料有铸造锡青铜、铸造铝青铜及灰铸铁等。锡青铜抗胶合和耐磨损性能好。

7.3 典型范例解析

例 7.1 有一标准圆柱蜗杆传动,已知蜗杆的轴向齿距 $p_{a1} \approx 15.7$ mm,分度圆直径 $d_1 = 50$ mm,蜗杆轮齿螺旋线方向为右旋,头数 $z_1 = 2$,蜗轮齿数 $z_2 = 46$,两轴交错角为 99°。试求蜗杆分度圆柱上的导程角 γ、蜗轮分度圆直径 d_2、传动比 i、中心距 a、蜗轮分度圆柱上的螺旋角 β 及蜗轮轮齿的旋向。

【解】 (1) 求蜗杆上的参数。

模数
$$m = \frac{p_{a1}}{\pi} = \frac{15.7 \text{ mm}}{\pi} = 5 \text{ mm}$$

导程角
$$\gamma = \arctan\left(\frac{z_1 m}{d_1}\right) = \arctan\left(\frac{2 \times 5 \text{ mm}}{50 \text{ mm}}\right) = 11.3°$$

(2) 求蜗轮上的参数。

分度圆直径 $d_2 = mz_2 = 5$ mm×46 = 230 mm

螺旋角 $\beta = \gamma = 11.3°$

与蜗杆相同,蜗轮轮齿也为右旋。

(3) 求传动比 i 及中心距 a。

传动比
$$i = \frac{z_2}{z_1} = \frac{46}{2} = 23$$

中心距
$$a = \frac{1}{2}(d_1 + d_2) = \frac{1}{2}(50 \text{ mm} + 230 \text{ mm}) = 140 \text{ mm}$$

例 7.2 如图 7.1 所示为蜗杆传动和圆锥齿轮传动的组合。已知输出轴上的锥齿轮 4 的转向 ω_4。

(1) 欲使中间轴上的轴向力能部分抵消,试确定蜗杆与蜗轮轮齿的螺旋线方向和蜗杆的转向。

(2) 在图上标出各轮所受轴向力和圆周力的方向(⊗表示方向垂直纸面向里,⊙表示方向垂直纸面向外)。

【解】 (1) 欲使中间轴上的轴向力能部分抵消,蜗杆和蜗轮轮齿的螺旋线方向应为右旋,蜗杆的转向为顺时针旋转。

第 7 章 蜗杆传动　　89

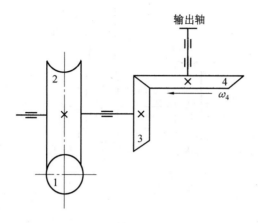

图 7.1

(2) 各轮所受轴向力和圆周力的方向如图 7.2 所示。

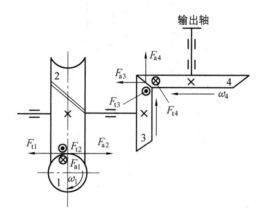

图 7.2

例 7.3　图 7.3 所示为蜗轮蜗杆与斜齿轮的组合传动。已知齿轮 4 的轮齿旋向及转向 n_4，若使中间轴上两轮所产生的轴向力能相互抵消部分，请在图上标出(⊗表示方向垂直纸面向里，⊙表示方向垂直纸面向外)：

(1) 轮 1、3 的转动方向；

(2) 轮 1、2、3 的轮齿旋向；

(3) 轮 1 啮合点处 F_{a1}、F_{t1}、F_{r1} 的方向；

(3) 轮 3 啮合点处 F_{a3}、F_{t3} 的方向。

【解】　如图 7.4 所示。

例 7.4　图 7.5 所示为二级蜗杆传动，蜗杆 1 为主动轮。已知输入转矩 $T_1 = 20$ N·m，蜗杆 1 头数 $z_1 = 2$，$d_1 = 50$ mm，蜗轮 2 齿数 $z_2 = 50$，高速级蜗杆传动的模数 $m = 4$ mm，高速级传动效率 $\eta = 0.75$。试确定：

(1) 该二级蜗杆传动中各轮的转动方向及蜗杆 1 和蜗轮 4 的轮齿螺旋线方向。

(2) 在节点处啮合时，蜗杆、蜗轮所受各分力的方向。

(3) 高速级蜗杆与蜗轮上各分力的大小。

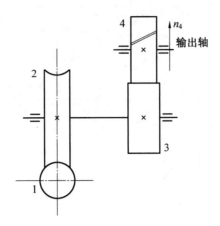

图 7.3

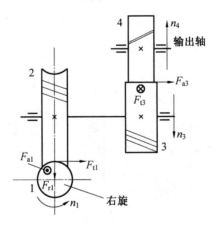

图 7.4

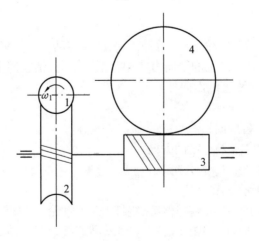

图 7.5

【解】　(1) 各轴的转向、蜗轮 2 及蜗轮 4 的轮齿旋向、蜗杆和蜗轮所受各分力的方向均示于图 7.6 中。(说明:因蜗轮 2 和蜗杆 3 右旋,故蜗杆 1 和蜗轮 4 亦为右旋,由左右手定则可知,F_{a1}垂直纸面向外,F_{t2}垂直纸面向里,故蜗轮转向向上;由于F_{t1}与受力点运动方向相反,可得F_{t1}向左。蜗杆3与蜗轮2转向相同,由左右手定则可知,F_{a3}向左,F_{t4}与受力点运动方向相同,故轮4逆时针转动)

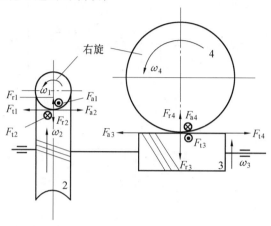

图7.6

(2)求高速级蜗杆与蜗轮上各分力的大小。由于
$$d_2 = mz_2 = 4 \text{ mm} \times 50 = 200 \text{ mm}$$
$$i = \frac{z_2}{z_1} = \frac{50}{2} = 25$$
$$T_2 = T_1 i\eta = 25 \text{ N} \cdot \text{mm} \times 0.75 \times 20 = 375 \text{ N} \cdot \text{mm}$$

从而
$$F_{t1} = -F_{a2} = \frac{2T_1}{d_1} = \frac{2 \times 20 \times 10^3 \text{ N} \cdot \text{mm}}{50} = 800 \text{ N}$$
$$F_{t2} = -F_{a1} = \frac{2T_2}{d_2} = \frac{2 \times 375 \times 10^3 \text{ N} \cdot \text{mm}}{200 \text{ mm}} = 3\,750 \text{ N}$$
$$F_{r1} = -F_{r2} = F_{a1} \tan \alpha = 3\,750 \text{ N} \times \tan 20^0 = 1\,365 \text{ N}$$

例 7.5 图7.7是齿轮蜗杆减速器,齿轮1为主动轮,其螺旋线方向为右旋,试在图中标出:

(1)齿轮2的轮齿螺旋线方向。
(2)齿轮1和齿轮2在节点A处所受的轴向力方向。
(3)为使齿轮2和蜗杆3的轴向力抵消一部分,确定蜗杆3和蜗轮4的旋向。
(4)蜗杆3在节点B处所受三个分力方向及蜗轮4的转动方向。

【解】 如图7.8所示。

例 7.6 图7.9为一蜗杆-圆柱斜齿轮-直齿锥齿轮三级传动,已知蜗杆为主动,且按图示方向转动。试在图中标出:

(1)各轮转向。
(2)使Ⅲ轴轴承所受轴向力较小时的斜齿轮轮齿的旋向。
(3)斜齿轮3在啮合点所受各分力的方向。

【解】 如图7.10所示。

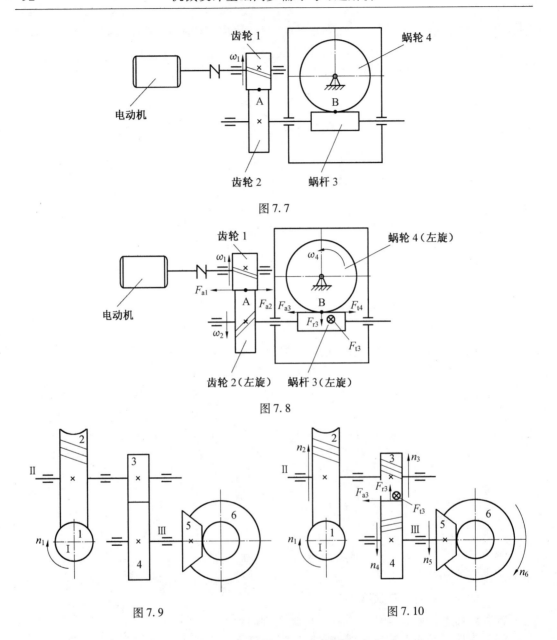

图7.7

图7.8

图7.9　　　　　　　　　图7.10

7.4　习题与思考题解答

习题7.1　蜗杆传动的特点有哪些?

【答】（1）传动比大且准确,结构紧凑。在动力传动中,单级传动比为10～80。

（2）传动平稳,噪声小。由于蜗杆的轮齿是连续的螺旋齿,与蜗轮的啮合是连续啮合,因此比齿轮传动平稳,噪声小。

（3）可以实现自锁。当蜗杆导程角 γ 小于其齿面间的当量摩擦角 ρ 时,将形成自锁。

（4）传动效率低。由于蜗杆蜗轮的齿面间存在较大的相对滑动,所以摩擦大,热损耗大,传动效率低。啮合效率 η 通常为 $0.7\sim0.8$,自锁时 η 低于 0.5。因而需要良好的润滑和散热条件,不适用于大功率传动(一般不超过 50 kW)。

(5) 为了减摩耐磨,蜗轮齿圈通常需用青铜制造,成本较高。

习题 7.2 蜗杆传动的正确啮合条件是什么？其传动比是否等于蜗轮与蜗杆的节圆直径之比？

【答】 蜗杆传动的正确啮合条件是

$$\begin{cases} m_{a1} = m_{t2} = m \\ \alpha_{a1} = \alpha_{t2} = \alpha \\ \gamma = \beta \end{cases}$$

因

$$d_1 \neq mz_1$$

故传动比

$$i = \frac{n_1}{n_2} = \frac{z_2}{z_1} \neq \frac{d_2}{d_1}$$

习题 7.3 蜗杆分度圆直径 d_1 为何要取与模数 m 相对应的标准值？

【答】 由于切削蜗轮的滚刀必须与蜗轮相啮合蜗杆的直径和齿形参数相当,为了减少滚刀数量,并便于标准化,对每个模数规定有限个蜗杆分度圆直径 d_1 的标准值。

习题 7.4 何谓蜗杆传动的中间平面？

【答】 通过蜗杆轴线并垂直于蜗轮轴线的平面称为中间平面。

习题 7.5 有一单头右旋蜗杆,欲为其配制蜗轮。现测得该蜗杆为阿基米德蜗杆,$\alpha = 20°$,蜗杆齿顶圆直径 $d_{a1} = 41.8$ mm,轴向齿距 $p_{a1} = 9.896$ mm,要求传动比 $i = 25$,试计算所配制蜗轮的主要尺寸 d_2、d_{a2}、d_{f2}、β 及传动中心距 a。

【解】

$$m = \frac{p_{a1}}{\pi} = 3.15 \text{ mm}, \quad z_2 = iz_1 = 25 \times 1 = 25$$

$$d_2 = mz_2 = 3.15 \text{ mm} \times 25 = 78.75 \text{ mm}$$

$$d_{a2} = d_2 + 2m = 78.75 \text{ mm} + 2 \times 3.15 \text{ mm} = 85.05 \text{ mm}$$

$$d_{f2} = d_2 - 2.4m = 78.75 \text{ mm} - 2.4 \times 3.15 \text{ mm} = 71.19 \text{ mm}$$

$$d_1 = d_{a1} - 2m = 41.8 \text{ mm} - 2 \times 3.15 \text{ mm} = 35.5 \text{ mm}$$

$$\gamma = \arctan \frac{z_1 m}{d_1} = \arctan \frac{1 \times 3.15 \text{ mm}}{35.5 \text{ mm}} = \arctan 0.088\,732 = 5.07°$$

$$\beta = \gamma = 5.07°$$

$$a = \frac{d_1 + d_2}{2} = \frac{35.5 \text{ mm} + 78.75 \text{ mm}}{2} = 57.125 \text{ mm}$$

习题 7.6 安装蜗杆传动时,蜗杆的轴向定位和蜗轮的轴向定位是不是都要很准确？为什么？

【答】 蜗杆的轴向定位不需要很准确,因为蜗杆的轴向定位误差不影响传动性能。蜗轮的轴向定位要很准确,要求蜗轮分度圆平面通过蜗杆轴线,否则影响传动性能。

习题 7.7 蜗杆传动的常见失效形式有哪些？设计准则如何？

【答】 失效形式主要有:齿面胶合、点蚀和磨损,而且失效通常发生在蜗轮轮齿上。设计准则:通常按齿面接触疲劳强度条件计算蜗杆传动的承载能力。对闭式传动要进行热平衡计算,必要时要对蜗杆轴进行强度和刚度计算,一般不需计算蜗轮轮齿的弯曲强度。

习题 7.8 蜗杆传动为什么要进行热平衡计算?热平衡计算不满足时,应采取什么措施?

【答】 由于蜗杆传动的传动效率低,工作时发热量大,在闭式蜗杆传动中,如果产生的热量不能及时散逸,油温将不断升高,使润滑油黏度降低,润滑条件恶化,从而导致齿面磨损加剧,甚至发生胶合。因此对闭式蜗杆传动,要进行热平衡计算,以将油温限制在规定的范围内。

若热平衡计算不满足时,可采取下列几项措施,使热平衡计算满足要求:

(1) 合理地设计箱体结构,铸出或焊上散热片,以增大散热面积。
(2) 在蜗杆轴上安装风扇,进行人工通风,以提高散热系数。
(3) 在箱体油池中装设蛇形冷却水管,用循环水冷却。
(4) 采用压力喷油循环润滑。

习题 7.9 蜗杆和蜗轮的常用材料有哪些?一般根据什么条件来选择?

【答】 1. 蜗杆的材料

蜗杆绝大多数采用碳钢或合金钢制造,其螺旋齿面硬度越高,齿面越光洁,耐磨性就越好。对于高速重载的蜗杆,常用 20Cr、20CrMnTi 等合金钢渗碳淬火,表面硬度可达 56~62HRC;或用 45、40Cr 等钢表面淬火,齿面硬度可达 45~55HRC;淬硬蜗杆表面应磨削或抛光。一般蜗杆可采用 40、45 等碳钢调质处理,硬度为 217~255HBS。在低速或手摇传动中,蜗杆也可不经热处理。

2. 蜗轮的材料

在高速、重要的传动中,蜗轮常用铸造锡青铜 ZCuSn10P1 制造,它的抗胶合和耐磨损性能好,允许的滑动速度 v_s 可达 25 m/s,易于切削加工,但价格贵。在滑动速度 $v_s \leqslant$ 12 m/s 的蜗杆传动中,可采用含锡量低的铸造锡铅锌青铜 ZCuSn5Pb5Zn5。铸造铝铁青铜 ZCuAl10Fe3 强度较高、价廉,但切削性能差,减摩性、耐磨性和抗胶合性能不如锡青铜,一般用于滑动速度 $v_s \leqslant 6$ m·s 的传动,且配对蜗杆需经淬火处理。在滑动速度 $v_s \leqslant 2$ m·s 的传动中,蜗轮也可以用球墨铸铁或灰铸铁制造。

习题 7.10 在图 7.11 所示的各蜗杆传动中,标出各图中未注明的蜗杆或蜗轮的螺旋线方向和转动方向(均为蜗杆主动)以及三个分力的方向。

【解】 如图 7.12 所示。

习题 7.11 一闭式蜗杆传动(图 7.13),已知蜗杆输入功率 $P = 3$ kW,转速 $n_1 = 1\,450$ r·min^{-1},蜗杆头数 $z_1 = 2$,蜗轮齿数 $z_2 = 40$,模数 $m = 4$ mm,蜗杆分度圆直径 $d_1 = 40$ mm,蜗杆和蜗轮间的当量摩擦系数 $f' = 0.1$。试求:

(1) 啮合效率 η_1 和总效率 η;
(2) 作用在蜗杆轴上的转矩 T_1 和蜗轮轴上的转矩 T_2;
(3) 作用在蜗杆和蜗轮上的各分力的大小和方向。

第7章 蜗杆传动

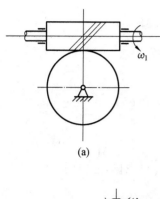
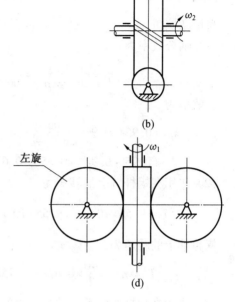
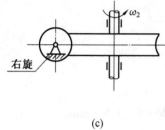

图 7.11

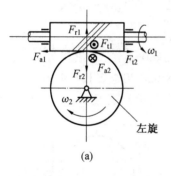
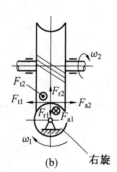

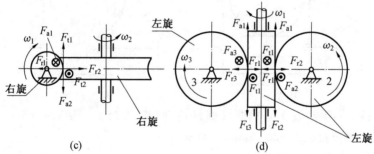

图 7.12

【解】 导程角 $\gamma = \arctan\dfrac{mz_1}{d_1} = \arctan\dfrac{4\ \text{mm}\times 2}{40\ \text{mm}} = 11.31°$

当量摩擦角 $\rho' = \arctan f' = \arctan 0.1 = 5.71°$

(1) 啮合效率为

$$\eta_1 = \dfrac{\tan\gamma}{\tan(\gamma+\rho')} = \dfrac{\tan 11.31°}{\tan(11.31°+5.71°)} = 0.653$$

总效率为

$$\eta = (0.95 \sim 0.96)\dfrac{\tan\gamma}{\tan(\gamma+\rho')} = (0.95 \sim 0.96)\dfrac{\tan 11.31°}{\tan(11.31°+5.71°)} =$$
$$(0.95 \sim 0.96)\times 0.653 = 0.620 \sim 0.627$$

(2) 作用在蜗杆轴上的转矩为

$$T_1 = 9.55\times 10^6\dfrac{P_1}{n_1} = 9.55\times 10^6\times\dfrac{3\ \text{kW}}{1\ 450\ \text{r}\cdot\text{min}^{-1}} = 19\ 758.6\ \text{N}\cdot\text{mm}$$

蜗轮轴上的转矩为

$$T_2 = i\eta T_1 = \dfrac{40}{2}\times 0.624\times 19\ 758.6\ \text{N}\cdot\text{mm} = 246\ 587.3\ \text{N}\cdot\text{mm}$$

(3) 作用在蜗杆和蜗轮上的各分力的大小为

$$F_{t1} = -F_{a2} = \dfrac{2T_1}{d_1} = \dfrac{2\times 19\ 758.6\ \text{N}\cdot\text{mm}}{40\ \text{mm}} = 987.93\ \text{N}$$

$$F_{t2} = -F_{a1} = \dfrac{2T_2}{d_2} = \dfrac{2T_2}{mz_2} = \dfrac{2\times 246\ 587.3\ \text{N}\cdot\text{mm}}{4\ \text{mm}\times 40} = 3\ 082.3\ \text{N}$$

$$F_{r1} = -F_{r2} = F_{a1}\tan\alpha = 3\ 082.3\ \text{N}\times\tan 20° = 1\ 121.9\ \text{N}$$

作用在蜗杆和蜗轮上的各分力方向如图 7.14 所示。

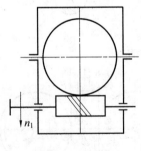
图 7.13

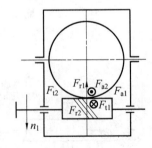
图 7.14

习题 7.12 一手动绞车采用圆柱蜗杆传动(图 7.15)。已知 $m = 8\ \text{mm}$,$z_1 = 1$,$d_1 = 80\ \text{mm}$,$z_2 = 40$,卷筒直径 $D = 200\ \text{mm}$。试计算:

(1) 重物上升 1 m 时,蜗杆应转多少转?

(2) 蜗杆与蜗轮间的当量摩擦系数 $f' = 0.18$,该机构能否自锁?

(3) 若重物 $W = 5\ \text{kN}$,手摇时施加的力 $F = 100\ \text{N}$,手柄转臂的长度 L 应是多少?

【解】 传动比

$$i = \dfrac{z_2}{z_1} = \dfrac{40}{1} = 40$$

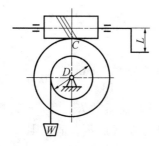

图 7.15

(1) 重物上升 1 m 时,蜗轮的转数

$$\frac{1\ 000}{\pi D}=\frac{1\ 000\ \text{mm}}{\pi \times 200\ \text{mm}}=1.592\ \text{r}$$

蜗杆的转数为

$$1.592\ \text{r} \times i = 1.592\ \text{r} \times 40 = 63.68\ \text{r}$$

(2) 导程角为

$$\gamma = \arctan\frac{mz_1}{d_1} = \arctan\frac{8\ \text{mm} \times 1}{80\ \text{mm}} = 5.71°$$

当量摩擦角为

$$\rho' = \arctan f' = \arctan 0.18 = 10.20°$$

因 $\gamma \leqslant \rho'$,该机构能自锁。

(3) 效率为

$$\eta = 0.95 \times \frac{\tan \gamma}{\tan(\gamma + \rho')} = 0.95 \times \frac{\tan 5.71°}{\tan(5.71° + 10.2°)} = 0.333$$

$$W \cdot \frac{D}{2} = T_2 = i\eta T_1 = i\eta \cdot FL$$

即

$$L = \frac{W \cdot \dfrac{D}{2}}{i\eta \cdot F} = \frac{5\ 000\ \text{N} \times \dfrac{200\ \text{mm}}{2}}{40 \times 0.333 \times 100\ \text{N}} = 375.4\ \text{mm}$$

习题 7.13　试设计一闭式单级圆柱蜗杆传动,已知蜗杆轴上输入功率 $P_1 = 8$ kW,蜗杆转速 $n_1 = 1\ 450$ r·min^{-1},蜗轮的转速 $n_2 = 80$ r·min^{-1},载荷平稳,批量生产。

【解】　(1) 选择材料及热处理方式,并确定许用应力 $[\sigma]_H$。根据蜗杆的转速和所传递的功率,蜗杆材料选用 45 钢,表面淬火,齿面硬度为 45~50HRC。初估相对滑动速度 $v_s \leqslant 10$ m/s,故蜗轮材料选用砂模铸造铸锡铅锌青铜(ZCuSn5Pb5Zn5),查教材得 $[\sigma]_H = 125$ MPa。

(2) 选择蜗杆头数 z_1,并确定蜗轮齿数 z_2。

传动比为

$$i = \frac{n_1}{n_2} = \frac{1\ 450\ \text{r} \cdot \text{min}^{-1}}{80\ \text{r} \cdot \text{min}^{-1}} = 18.125$$

由传动比 $i = 18.125$,查教材表 7.2,取 $z_1 = 2$,则 $z_2 = iz_1 = 18.125 \times 2 = 36.25$,取 $z_2 = 36$,即实际传动比为

$$i = \frac{z_2}{z_1} = \frac{36}{2} = 18$$

蜗轮转速为

$$n_2 = \frac{n_1}{i} = \frac{1\ 450\ \text{r} \cdot \text{min}^{-1}}{18} = 80.6\ \text{r} \cdot \text{min}^{-1}$$

(3) 确定蜗轮上的转矩 T_2 及载荷系数 K。由 $z_1 = 2$，经试算后初估总效率 $\eta = 0.87$（说明：最初估计总效率 $\eta = 0.79$，经试算后不合适），则

$$T_2 = i\eta T_1 = i\eta \times 9.55 \times 10^6 \frac{P_1}{n_1} = 18 \times 0.87 \times 9.55 \times 10^6 \times \frac{8\ \text{kW}}{1\ 450\ \text{r} \cdot \text{min}^{-1}} = 8.251 \times 10^5\ \text{N} \cdot \text{mm}$$

由于载荷平稳，故取 $K = 1.1$。

(4) 按齿面接触疲劳强度确定模数 m 和蜗杆分度圆直径 d_1。

$$m^2 d_1 \geqslant \left(\frac{480}{[\sigma]_H z_2}\right)^2 KT_2 = \left(\frac{480}{125\ \text{MPa} \times 36}\right)^2 \times 1.1 \times 8.251 \times 10^5\ \text{N} \cdot \text{mm} = 10\ 326.6\ \text{mm}^3$$

由教材，按 $m^2 d_1 \geqslant 9\ 376.7\ \text{mm}^3$，选取 $m = 10\ \text{mm}$，$d_1 = 112\ \text{mm}$。

(5) 计算蜗轮分度圆直径 d_2 及传动中心距 a。

$$d_2 = mz_2 = 10\ \text{mm} \times 36 = 360\ \text{mm}$$

$$a = \frac{1}{2}(d_1 + d_2) = \frac{1}{2}(112\ \text{mm} + 360\ \text{mm}) = 236\ \text{mm}$$

(6) 验算相对滑动速度 v_s 及传动总效率 η。蜗杆导程角为

$$\gamma = \arctan \frac{mz_1}{d_1} = \arctan \frac{10\ \text{mm} \times 2}{112\ \text{mm}} = 10.12°$$

$$v_s = \frac{\pi d_1 n_1}{60 \times 1\ 000 \cos \gamma} = \frac{\pi \times 112\ \text{mm} \times 1\ 450\ \text{r} \cdot \text{min}^{-1}}{60 \times 1\ 000 \times \cos 10.12°} = 8.6\ \text{m} \cdot \text{s}^{-1}$$

与初估值相符，材料及许用应力选用合适。由 $v_s = 8.6\ \text{m/s}$ 查教材并用线性插值得当量摩擦角 $\rho' = 1°$，故传动总效率为

$$\eta = (0.95 \sim 0.96) \frac{\tan \gamma}{\tan(\gamma + \rho')} = (0.95 \sim 0.96) \frac{\tan 10.12°}{\tan(10.12° + 1°)} = 0.86 \sim 0.87$$

与初估值相符。

(7) 计算蜗杆和蜗轮的主要几何尺寸（略）。

(8) 热平衡计算。取许用油温 $[t] = 80°$，周围空气温度 $t_0 = 20\ ℃$；设通风良好，取散热系数 $K_s = 15\ \text{W}/(\text{m}^2 \cdot ℃)$；传动总效率 $\eta = 0.87$，则所需散热面积为

$$A = \frac{1\ 000 P_1 (1 - \eta)}{K_s ([t] - t_0)} = \frac{1\ 000 \times 8\ \text{kW} \times (1 - 0.87)}{15 \times (80\ ℃ - 20\ ℃)} = 1.16\ \text{m}^2$$

若箱体散热面积不足 $1.16\ \text{m}^2$，则需加散热片或安装风扇或采取其他散热措施。

(9) 选择精度等级。蜗轮圆周速度为

$$v_2 = \frac{\pi d_2 n_2}{60 \times 1\ 000} = \frac{\pi \times 360\ \text{mm} \times 80.6\ \text{r} \cdot \text{min}^{-1}}{60 \times 1\ 000} = 1.52\ \text{m} \cdot \text{s}^{-1}$$

此为动力传动，且 $v_2 < 3\ \text{m/s}$，故取 8 级精度。

(10) 蜗杆和蜗轮的结构设计及其零件工作图的绘制（略）。

7.5 自 测 题

一、填空题

1. 在蜗杆传动中,请列出三种常用蜗轮材料_____、_____、_____。
2. 在蜗杆传动中,蜗杆的_____模数和蜗轮的_____模数应相等,并为标准值。
3. 一对两轴间交错角为 90°的蜗杆传动的正确啮合条件为_____、_____和_____。
4. 在蜗杆传动设计中,除规定模数标准化外,还规定蜗杆直径 d_1 取标准值,其目的是_____、_____。
5. 蜗杆传动与齿轮传动相比,其主要特点是传动比_____、传动效率_____。
6. 在蜗杆传动中,当需要自锁时,应使蜗杆_____角小于等于_____角。
7. 蜗杆传动的失效形式主要是_____、_____和_____,而且失效通常发生在_____上。

二、问答题

1. 影响蜗杆传动啮合效率的因素有哪些?
2. 试述蜗杆传动的效率由哪几部分组成,并写出总效率的表达式。

7.6 自测题参考答案

一、填空题

1. 铸造锡青铜 铸造锡铅锌青铜 铸造铝铁青铜 球墨铸铁 灰铸铁(任选 3 个即可)
2. 轴面 端面
3. $m_{a1}=m_{t2}$ $\alpha_{a1}=\alpha_{t2}$ $\gamma=\beta$
4. 减少加工蜗轮的刀具数量 便于刀具的标准化
5. 大 低
6. 导程 当量摩擦
7. 齿面点蚀 齿面胶合 齿面磨损 蜗轮轮齿

二、问答题

1. 蜗杆传动的啮合效率 $\eta_1 = \tan\gamma/\tan(\gamma+\rho')$,由此可知,影响啮合效率的因素有蜗杆分度圆柱上的导程角 γ 和齿面间当量摩擦角 ρ',而 ρ' 取决于蜗杆副的材料、表面硬度及相对滑动速度 v_s(v_s 越大,ρ' 越小);γ 取决于模数 m、蜗杆头数 z_1 和分度圆直径 d_1。
2. 见教材。

第8章 轮 系

8.1 基本要求

(1) 了解轮系的类型和应用,几种特殊的行星传动。
(2) 掌握定轴轮系传动比计算,周转轮系传动比计算,复合轮系传动比计算。

8.2 重点与难点

8.2.1 重 点

(1) 定轴轮系传动比计算。
(2) 周转轮系传动比计算。
(3) 复合轮系传动比计算。

8.2.2 难 点

1. 周转轮系传动比计算

设 n_A 和 n_B 为周转轮系中任意两个齿轮 A 和 B 的转速,n_H 为转臂 H 的转速,则传动比的一般表达式为

$$i_{AB}^H = \frac{n_A^H}{n_B^H} = \frac{n_A - n_H}{n_B - n_H} = (-1)^m \frac{转化轮系从 A 到 B 所有从动轮齿数的乘积}{转化轮系从 A 到 B 所有主动轮齿数的乘积}$$

上式 $(-1)^m$ 只适用于周转轮系中各齿轮及转臂 H 轴线均平行的场合。如用于由锥齿轮组成的周转轮系,则齿数比前的正负号 $(-1)^m$ 不再适用,此时必须将转臂视为固定,用画箭头的方法确定齿数比前的正负号(正负号必须有)。

2. 复合轮系传动比的计算

复合轮系传动比计算的步骤为:
(1) 将复合轮系所包含的单个定轴轮系和单个周转轮系——加以分开。

这一步的关键是确定单个周转轮系,即先要找到行星轮,然后找出支撑行星轮的构件,即为转臂(或行星架),找到与行星轮相啮合的中心轮(太阳轮),它们组成一个周转轮系。将单个的周转轮系——找出之后,剩下的便是定轴轮系(一个或多个)。

(2) 分别列出单个定轴轮系和单个周转轮系传动比表达式。
(3) 列出复合轮系中各单个轮系之间的连接关系式。
(4) 联立求解,从而求出该复合轮系的传动比。

8.3 典型范例解析

例 8.1 某传动装置如图 8.1 所示,已知:$z_1=60, z_2=48, z_{2'}=80, z_3=120, z_{3'}=60, z_4=40$,蜗杆 $z_{4'}=2$(右旋),蜗轮 $z_5=80$,齿轮 $z_{5'}=65$,模数 $m=5$ mm。主动轮 1 的转速为 $n_1=240$ r·min^{-1},转向如图所示。试求齿条 6 的移动速度 v_6 的大小和方向。

【解】 这是一个由圆柱齿轮、圆锥齿轮、蜗轮蜗杆、齿轮齿条所组成的定轴轮系。

为了求齿条 6 的移动速度 v_6 的大小,需要首先求出齿轮 $5'$ 的转动角速度 ω'_5。因此首先计算传动比 i_{15},即

$$i_{15}=\frac{n_1}{n_5}=\frac{z_2 z_3 z_4 z_5}{z_1 z_{2'} z_{3'} z_{4'}}=\frac{48\times 120\times 40\times 80}{60\times 80\times 60\times 2}=32$$

$$n_{5'}=n_5=\frac{n_1}{i_{15}}=\frac{240 \text{ r}\cdot\text{min}^{-1}}{32}=7.5 \text{ r}\cdot\text{min}^{-1}$$

$$\omega_{5'}=\frac{2\pi n_{5'}}{60}=\frac{2\pi\times 7.5 \text{ r}\cdot\text{min}^{-1}}{60}=0.785 \text{ rad}\cdot\text{s}^{-1}$$

齿条 6 的移动速度等于齿轮 $5'$ 的分度圆线速度,即

$$v_6=r_{5'}\omega_{5'}=\frac{1}{2}mz_{5'}\omega_{5'}=\frac{1}{2}\times 5 \text{ mm}\times 65\times 0.785 \text{ rad}\cdot\text{s}^{-1}=127.6 \text{ mm}\cdot\text{s}^{-1}$$

齿条 6 的运动方向采用画箭头的方法确定,如图 8.2 所示。

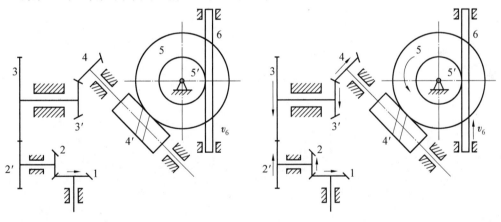

图 8.1　　　　　图 8.2

例 8.2 如图 8.3 所示轮系中,若已知各轮齿数:$z_1=z_3=20, z_2=40, z_6=80$,求 i_{1H},并说明轮 1 与转臂 H 的转向相同还是相反。

【解】 此轮系为混合轮系,齿轮 1、2 组成定轴轮系,齿轮 3、4、5 及转臂 H 组成周转轮系,且齿轮 2 与齿轮 3 同轴。

定轴轮系传动比为

$$i_{12}=\frac{n_1}{n_2}=\frac{z_2}{z_1}=\frac{40}{20}=2$$

周转轮系的转化轮系传动比为

$$i_{25}^{H} = \frac{n_2 - n_H}{n_5 - n_H} = (-1)\frac{z_5}{z_3} = -\frac{80}{20} = -4$$

由于 $n_5 = 0$，故

$$\frac{n_2 - n_H}{-n_H} = -4$$

得

$$\frac{n_2}{n_H} = 5$$

故

$$i_{1H} = i_{12} i_{2H} = \frac{n_1}{n_2} \cdot \frac{n_2}{n_H} = -2 \times 5 = -10$$

轮 1 与转臂 H 转向相反。

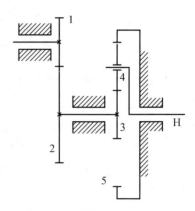

图 8.3

例 8.3 如图 8.4 所示轮系中，已知各齿轮齿数为：$z_1 = z_3 = z_5 = 20, z_2 = z_4 = z_6 = 40, z_7 = 100$。求传动比 i_{17}，并判断 ω_1 和 ω_7 是同向还是反向？

【解】 该轮系由两部分组成，齿轮 1、2、3、4 组成定轴轮系，齿轮 5、6、7 及转臂组成周转轮系，且齿轮 1 与齿轮 5 同轴，齿轮 4 与转臂为同一构件。

对于齿轮 1、2、3 组成的定轴轮系，有

$$\frac{\omega_1}{\omega_4} = (-1)^2 \frac{z_2 z_4}{z_1 z_3} = \frac{40 \times 40}{20 \times 20} = 4$$

故

$$\omega_4 = \frac{\omega_1}{4}$$

由题可知 $\omega_1 = \omega_5$， $\omega_4 = \omega_H$

对周转轮系

$$\frac{\omega_5 - \omega_H}{\omega_7 - \omega_H} = (-1)\frac{z_6 z_7}{z_5 z_6} = -\frac{z_7}{z_5} = -\frac{100}{20} = -5$$

即

$$\frac{\omega_5 - \omega_H}{\omega_7 - \omega_H} = \frac{\omega_1 - \frac{\omega_1}{4}}{\omega_7 - \frac{\omega_1}{4}} = -5$$

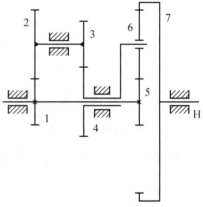

图 8.4

解得

$$i_{17} = \frac{\omega_1}{\omega_7} = 10$$

i_{17} 为正数，表明 ω_1 与 ω_7 转向相同。

例 8.4 如图 8.5 所示轮系，已知各轮齿数为：$z_1 = 25, z_2 = 50, z_{2'} = 25, z_H = 100, z_4 = 50$，各齿轮模数相同。求传动比 i_{14}。

【解】 该轮系由两部分组成，齿轮 1、2-2′、3 及系杆 H 组成行星轮系，齿轮（系杆）H 及齿轮 4 组成定轴轮系。

利用同心条件，有

$$z_3 = z_1 + z_2 + z_{2'} = 25 + 50 + 25 = 100$$

对于齿轮 1、2-2′、3 及系杆 H 组成的周转轮系，有

$$i_{13}^{H}=\frac{n_1-n_H}{n_3-n_H}=-\frac{z_2z_3}{z_1z_{2'}}=-\frac{50\times100}{25\times25}=-8$$

由于 $n_3=0$，可得

$$i_{1H}=\frac{n_1}{n_H}=9$$

对于齿轮(系杆)H 及齿轮4 组成定轴轮系，有

$$i_{H4}=\frac{n_H}{n_4}=-\frac{z_4}{z_H}=-\frac{50}{100}=-\frac{1}{2}$$

由以上两式可得

$$i_{14}=i_{1H}\cdot i_{H4}=\frac{n_1}{n_H}\cdot\frac{n_H}{n_4}=\frac{n_1}{n_4}=9\times\left(-\frac{1}{2}\right)=-4.5$$

计算结果为负，说明 n_1 的转向与 n_4 转向相反。

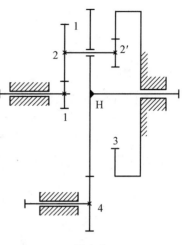

图 8.5

例 8.5 如图 8.6 所示轮系，已知 $z_1=36, z_2=60$, $z_3=23, z_4=49, z_{4'}=69, z_5=31, z_6=131, z_7=94, z_8=36, z_9=167, n_1=3\,549\text{ r}\cdot\text{min}^{-1}$。求 n_{H_2} 的大小及转向？

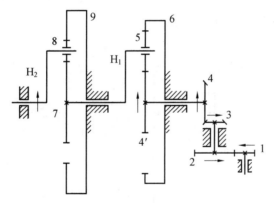

图 8.6

【解】 该轮系由三部分组成，齿轮 1、2、3、4 组成定轴轮系，齿轮 $4'$、5、6 及系杆 H_1 组成行星轮系，齿轮 7、8、9 及系杆 H_2 组成行星轮系，三者之间属串联关系。齿轮 4 和齿轮 $4'$ 属同一构件，系杆 H_1 和齿轮 7 属同一构件。

对定轴轮系 1、2、3、4，有

$$i_{14}=\frac{n_1}{n_4}=\frac{z_2z_4}{z_1z_3} \tag{8.1}$$

对于齿轮 $4'$、5、6 及系杆 H_1 组成行星轮系，由于 $n_6=0$，可得

$$i_{4'6}^{H_1}=\frac{n_{4'}-n_{H_1}}{n_6-n_{H_1}}=1-\frac{n_{4'}}{n_{H_1}}=-\frac{z_6}{z_{4'}}$$

即

$$i_{4'H_1}=\frac{n_{4'}}{n_{H_1}}=1+\frac{z_6}{z_{4'}} \tag{8.2}$$

齿轮 7、8、9 及系杆 H_2 组成行星轮系，由于 $n_9=0$，可得

$$i_{79}^{H_2} = \frac{n_7 - n_{H_2}}{n_9 - n_{H_2}} = 1 - \frac{n_7}{n_{H_2}} = -\frac{z_9}{z_7}$$

即

$$i_{7H_2} = \frac{n_7}{n_{H_2}} = 1 + \frac{z_9}{z_7} \tag{8.3}$$

由式(8.1)、(8.2)、(8.3),并考虑到 $n_4 = n_{4'}, n_{H_1} = n_7$ 可得

$$i_{1H_2} = \frac{n_1}{n_{H_2}} = \frac{z_2 z_4}{z_1 z_3}\left(1 + \frac{z_6}{z_{4'}}\right)\left(1 + \frac{z_9}{z_7}\right)$$

将各轮齿数代入,得

$$i_{1H_2} = \frac{n_1}{n_{H_2}} = \frac{60 \times 49}{36 \times 23}\left(1 + \frac{131}{69}\right)\left(1 + \frac{167}{94}\right) = 28.58$$

则

$$n_{H_2} = \frac{n_1}{i_{1H_2}} = \frac{3\,549 \text{ r} \cdot \text{min}^{-1}}{28.58} = 124.19 \text{ r} \cdot \text{min}^{-1}$$

转向如图 8.6 所示。

例 8.6 如图 8.7 所示轮系,已知 $z_1 = 30, z_2 = 30, z_3 = 90, z_{1'} = 20, z_4 = 30, z_{3'} = 40, z_{4'} = 30, z_5 = 15$。求 i_{AB} 的大小及转向?

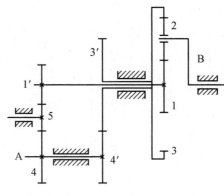

图 8.7

【解】 该轮系由三部分组成,齿轮 4、5、1′(1)组成定轴轮系,齿轮 4′、3′(3)组成定轴轮系,将齿轮 1、2、3 及系杆 B 组成差动轮系封闭起来形成封闭式行星轮系。齿轮 4 和齿轮 4′属同一构件,齿轮 1′和齿轮 1 属同一构件。

对于 1、2、3、B 组成的差动轮系,有

$$i_{13}^B = \frac{n_1 - n_B}{n_3 - n_B} = -\frac{z_3}{z_1} = -\frac{90}{30} = -3 \tag{8.4}$$

对于 4(A)、5、1′(1)组成的定轴轮系,有

$$i_{41'} = \frac{n_4}{n_{1'}} = \frac{n_A}{n_{1'}} = \frac{z_{1'}}{z_4} = \frac{20}{30} = \frac{2}{3}$$

即

$$n_{1'} = \frac{3}{2} n_A \tag{8.5}$$

对于齿轮 4′、3′(3)组成的定轴轮系,有

$$i_{43'} = \frac{n_4}{n_{3'}} = \frac{n_A}{n_{3'}} = -\frac{z_{3'}}{z_4} = -\frac{40}{30} = -\frac{4}{3}$$

即
$$n_{3'} = -\frac{3}{4}n_A \tag{8.6}$$

考虑到 $n_{1'} = n_1$、$n_{3'} = n_3$，将式(8.5)、(8.6)代入式(8.4)，得

$$\frac{\frac{3}{2}n_A - n_B}{-\frac{3}{4}n_A - n_B} = -3$$

解得
$$i_{AB} = \frac{n_A}{n_B} = -\frac{16}{3} \approx -5.33$$

n_A 和 n_B 的转向相反。

8.4 习题与思考题解答

习题 8.1 在什么情况下要考虑采用轮系？轮系有哪些功用？试举例说明。

【答】（1）实现相距较远的两轴之间的传动：当两轴之间的距离较远时，若仅用一对齿轮传动，两轮的轮廓尺寸就很大；如果改用图中实线所示轮系传动，总的轮廓尺寸就小得多，从而可节省材料、减轻质量、降低成本和所占空间。

（2）实现分路传动：当输入轴的转速一定时，利用轮系可将输入轴的一种转速同时传到几根输出轴上，获得所需的各种转速。

（3）实现变速与换向：当主动轴转速、转向不变时，利用轮系可使从动轴获得多种转速或换向。

（4）获得大的传动比：当两轴间需要较大的传动比时，若仅用一对齿轮传动，则两轮直径相差很大，不仅使传动轮廓尺寸过大，而且由于两轮齿数必然相差很多，小轮极易磨损，两轮寿命相差过分悬殊。若采用轮系，就可在各齿轮直径不大的情况下得到很大的传动比。

（5）合成或分解运动：如图 8.8 所示轮系，齿轮 1 和齿轮 3 分别独立输入转速 n_1 和 n_3，可合成输出构件 H 的转速 $n_H = (n_1 + n_3)/2$。

汽车后桥差速器的轮系，当汽车拐弯时，它能将发动机传递的运动分解为不同转速分别送给左右两个车轮，以避免转弯时左右两轮对地面产生相对滑动，从而减轻轮胎的磨损。

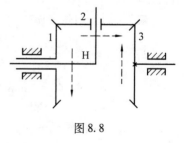

图 8.8

习题 8.2 定轴轮系和周转轮系有何区别？行星轮系和差动轮系的区别何在？

【答】 在轮系运转过程中，定轴轮系各轮几何轴线的位置相对于机架固定不动，周转轮系中至少有一个齿轮的几何轴线位置相对于机架不固定，而是绕着其他齿轮的固定几何轴线回转。

自由度 $F=2$ 的周转轮系称为差动轮系，自由度 $F=1$ 的周转轮系称为行星轮系。

习题 8.3 定轴轮系的传动比如何计算？首末两轮的转向关系如何确定？

【答】 定轴轮系传动比的数值等于组成该轮系的各对啮合齿轮传动比的连乘积，也等于各对齿轮中所有从动轮齿数的乘积与所有主动轮齿数乘积之比。

由圆柱齿轮组成的定轴轮系的首轮以 G 表示，其转速为 n_G；末轮以 J 表示，其转速为 n_J；m 表示该定轴轮系中外啮合齿轮的对数，轴线平行的定轴轮系的传动比计算公式为

$$i_{GJ} = \frac{n_G}{n_J} = (-1)^m \frac{\text{从齿轮 G 至 J 之间啮合的各从动轮齿数连乘积}}{\text{从齿轮 G 至 J 之间啮合的各主动轮齿数连乘积}}$$

传动比 i_{GJ} 为正值，则首轮 G 和末轮 J 的转向相同，否则相反。首末两轮的转向关系也可以用标注箭头的方法来确定。

如果轮系是含有锥齿轮、螺旋齿轮和蜗杆传动等组成的空间定轴轮系，其传动比的大小仍可用上式来计算，但式中的 $(-1)^m$ 不再适用，只能在图中以标注箭头的方法确定首末两轮的转向关系。

习题 8.4 何谓转化轮系？引入转化轮系的目的何在？

【答】 给整个周转轮系各构件都加上一个与转臂 H 的转速大小相等、转动方向相反且绕固定轴线 O-O 回转的公共转速 $-n_H$，根据相对运动原理知其各构件之间的相对运动关系将仍然保持不变。但这时转臂 H 的转速为 $n_H - n_H = 0$，即转臂可以看成固定不动，于是，该周转轮系转化为定轴轮系，该定轴轮系称为原周转轮系的"转化轮系"。

引入转化轮系的目的在于，将周转轮系转化为定轴轮系，然后应用求解定轴轮系传动比的方法，求出转化轮系中任意两个齿轮的传动比，继而可以确定周转轮系中任意两个齿轮的传动比。

习题 8.5 在图 8.9 所示轮系中，已知：蜗杆为单头且右旋，转速 $n_1 = 1\,440\ \text{r}\cdot\text{min}^{-1}$，转动方向如图所示，其余各轮齿数为：$z_2 = 40, z_{2'} = 20, z_3 = 30, z_{3'} = 18, z_4 = 54$。试：(1) 说明轮系属于何种类型；(2) 计算齿轮 4 的转速 n_4；(3) 在图中标出齿轮 4 的转动方向。

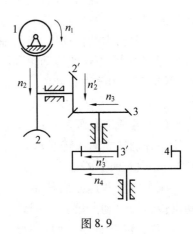

图 8.9

【解】 (1) 该轮系属于定轴轮系。

(2) $i_{14} = \dfrac{n_1}{n_4} = \dfrac{z_2 z_3 z_4}{z_1 z_{2'} z_{3'}} = \dfrac{40 \times 30 \times 54}{1 \times 20 \times 18} = 180$

$n_4 = \dfrac{n_1}{i_{14}} = \dfrac{1\,440\ \text{r}\cdot\text{min}^{-1}}{180} = 8\ \text{r}\cdot\text{min}^{-1}$

(3) 齿轮 4 的转动方向如图 8.9 所示。

习题 8.6 在图 8.10 所示轮系中,所有齿轮均为标准齿轮,又知齿数 $z_1=30,z_4=68$。试问:(1) $z_2=$?$z_3=$?(2)该轮系属于何种轮系?

【解】 (1) $\dfrac{1}{2}z_4 m = z_2 m + \dfrac{1}{2}z_1 m$

$$z_2 = \dfrac{1}{2}(z_4 - z_1) = \dfrac{1}{2}(68-30) = 19$$

$$z_3 = z_2 = 19$$

(2)该轮系的自由度为

$$F = 3\times 4 - 2\times 4 - 2 = 2$$

故该轮系属于周转轮系之差动轮系。

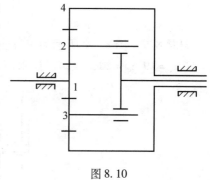

图 8.10

习题 8.7 在图 8.11 所示轮系中,根据齿轮 1 的转动方向,在图上标出蜗轮 4 的转动方向。

【解】 如图 8.12 所示。

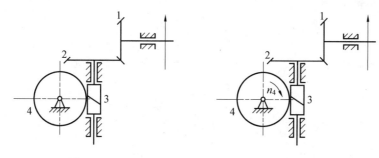

图 8.11　　　　　　　　图 8.12

习题 8.8 在图 8.13 所示万能刀具磨床工作台横向微动进给装置中,运动经手柄输入,由丝杆传给工作台。已知丝杠螺距 $P=50$ mm,且单头。$z_1=z_2=19, z_3=18, z_4=20$,试计算手柄转一周时工作台的进给量 S。

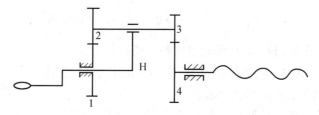

图 8.13

【解】

$$i_{41}^{H} = \dfrac{n_4 - n_H}{n_1 - n_H} = (-1)^2 \dfrac{z_3 z_1}{z_4 z_2}$$

因为 $n_1 = 0$,故有

$$\dfrac{n_4}{n_H} = 1 - \dfrac{z_3 z_1}{z_4 z_2} = 1 - \dfrac{18\times 19}{20\times 19} = \dfrac{1}{10}$$

手柄转一周时,丝杠转 1/10 周,工作台的进给量为

$$S = \frac{1}{10}P = \frac{1}{10} \times 50 \text{ mm} = 5 \text{ mm}$$

习题8.9 图8.14所示为里程表中的齿轮传动,已知各轮的齿数为:$z_1 = 17$,$z_2 = 68$,$z_3 = 23$,$z_4 = 19$,$z_{4'} = 20$,$z_5 = 24$。试求传动比i_{15}。

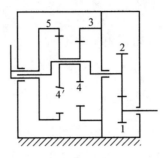

图8.14

【解】 齿轮3、4、4′、5及转臂组成周转轮系,齿轮1、2组成定轴轮系。

对于周转轮系,有

$$i_{53}^H = \frac{n_5 - n_H}{n_3 - n_H} = \frac{z_{4'}z_3}{z_5 z_4}$$

因为$n_3 = 0$,故有

$$\frac{n_5}{n_H} = 1 - \frac{z_{4'}z_3}{z_5 z_4} = 1 - \frac{20 \times 23}{24 \times 19} = -\frac{1}{114}$$

即

$$\frac{n_H}{n_5} = -114$$

对于定轴轮系,有

$$i_{12} = \frac{n_1}{n_2} = -\frac{z_2}{z_1} = -\frac{68}{17} = -4$$

又因$n_H = n_2$,故

$$i_{15} = \frac{n_1}{n_5} = \frac{n_H}{n_5} \times \frac{n_1}{n_2} = (-114) \times (-4) = 456$$

习题8.10 已知图8.15所示轮系中各轮的齿数为:$z_1 = 20$,$z_2 = 40$,$z_3 = 15$,$z_4 = 60$,轮1的转速为$n_1 = 120 \text{ r} \cdot \text{min}^{-1}$,转向如图所示。试求轮3的转速$n_3$的大小和转向。

【解】 齿轮3、4及转臂(齿轮2)组成周转轮系,齿轮1、2组成定轴轮系。

对于定轴轮系,有

$$\frac{n_1}{n_2} = -\frac{z_2}{z_1} = -\frac{40}{20} = -2$$

$$n_2 = -\frac{n_1}{2} = -\frac{120 \text{ r} \cdot \text{min}^{-1}}{2} = -60 \text{ r} \cdot \text{min}^{-1}$$

对于周转轮系,有

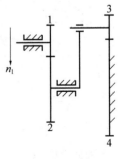

图8.15

$$\frac{n_3-n_H}{n_4-n_H}=\frac{n_3-n_2}{n_4-n_2}=-\frac{z_4}{z_3}=-\frac{60}{15}=-4$$

因为 $n_4=0$，故有

$$\frac{n_3-n_2}{n_4-n_2}=\frac{n_3-n_2}{-n_2}=-4$$

从而 $\quad n_3=4n_2+n_2=5n_2=5\times(-60 \text{ r}\cdot\text{min}^{-1})=-300 \text{ r}\cdot\text{min}^{-1}$

因为 n_3 为负值，故轮 3 的转向与轮 1 的转向相反。

8.5 自 测 题

一、填空题

1. 若周转轮系的自由度为 2，则称其为_____。若周转轮系的自由度为 1，则称其为_____。

二、问答题

1. 什么是轮系？
2. 什么是混合轮系？

三、计算题

1. 在图 8.16 所示周转轮系中，已知各齿轮的齿数为：$z_1=15, z_2=25, z_{2'}=20, z_3=60$，齿轮 1 的转速 $n_1=200 \text{ r}\cdot\text{min}^{-1}$，齿轮 3 的转速 $n_3=50 \text{ r}\cdot\text{min}^{-1}$，其转向与齿轮 1 相反。求系杆 H 的转速 n_H 的大小和方向。

2. 如图 8.17 所示轮系中，已知各轮齿数为：$z_1=z_2=z_4=z_5=20, z_3=40, z_6=60$。求 i_{1H} 的大小及转向。

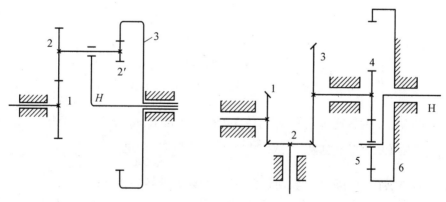

图 8.16　　　　　图 8.17

3. 电动卷扬机减速器如图 8.18 所示，已知各轮齿数为：$z_1=26, z_2=50, z_{2'}=18, z_3=94$, $z_{3'}=18, z_4=35, z_5=88$。求 i_{15}。

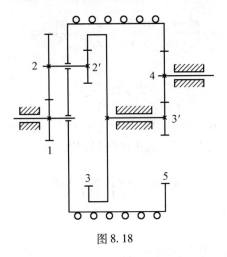

图 8.18

8.6 自测题参考答案

一、填空题

1. 差动轮系　行星轮系

二、问答题

1. 见教材。
2. 见教材。

三、计算题

1.（1）其转化机构的传动比为

$$i_{13}^H = \frac{n_1 - n_H}{n_3 - n_H} = -\frac{z_2 z_3}{z_1 z_{2'}} = -\frac{25 \times 60}{15 \times 20} = -5$$

（2）由上式得

$$n_1 - n_H = 5n_H - 5n_3$$

所以

$$n_H = \frac{n_1 + 5n_3}{6}$$

（3）设齿轮 1 的转速为正值，则齿轮 3 的转速为负值，将已知值代入上式，得

$$n_H = \frac{n_1 + 5n_3}{6} = \frac{200 \text{ r·min}^{-1} + 5(-50 \text{ r·min}^{-1})}{6} = -\frac{50 \text{ r·min}^{-1}}{6} = -8.33 \text{ r·min}^{-1}$$

系杆 H 的转向与齿轮 1 的转向相反（或与齿轮 3 的转向相同）。

2. 该轮系由两部分组成，齿轮 1、2、3 组成定轴轮系，齿轮 4、5、6 及系杆 H 组成周转轮系，且齿轮 3 与齿轮 4 同轴。

对于齿轮 1、2、3 组成的定轴轮系，有

$$i_{13} = \frac{n_1}{n_3} = -\frac{z_2 z_3}{z_1 z_2} = -\frac{z_3}{z_1} = -\frac{40}{20} = -2$$

（说明：齿数比前面的负号由画转向箭头的方法确定）

对于由齿轮 4、5、6 及系杆 H 组成的周转轮系，有

$$i_{46}^{H}=\frac{n_4-n_H}{n_6-n_H}=-\frac{z_6}{z_4}=-\frac{60}{20}=-3$$

由于 $n_6=0$,可得

$$\frac{n_4}{n_H}=4$$

由 $n_3=n_4$,可知

$$\frac{n_3}{n_H}=4$$

$$i_{1H}=\frac{n_1}{n_H}=\frac{n_1}{n_3}\cdot\frac{n_3}{n_H}=(-2)\times 4=8$$

由于 i_{1H} 为负值,故齿轮 1 的转向与转臂 H 的转向相反。

3. 该轮系由两部分组成。齿轮 1、2-2′、3 及系杆 5 组成周转轮系,3′、4、5 组成定轴轮系。

对于 1、2-2′、3、5 组成的差动轮系有

$$i_{13}^{5}=\frac{n_1-n_5}{n_3-n_5}=-\frac{z_2 z_3}{z_1 z_{1'}} \tag{8.7}$$

对于 3′、4、5 组成的定轴轮系,有

$$i_{3'5}=\frac{n_{3'}}{n_5}=\frac{n_3}{n_5}=-\frac{z_5}{z_{3'}}$$

即

$$n_3=-\frac{z_5}{z_{3'}}n_5 \tag{8.8}$$

将式(8.8)代入式(8.7),解得

$$i_{15}=\frac{n_1}{n_5}=\frac{z_2 z_3}{z_1 z_{2'}}\left(1+\frac{z_5}{z_{3'}}\right)+1=\frac{50\times 94}{26\times 18}\left(1+\frac{88}{18}\right)+1=60.14$$

齿轮 1 和卷筒(齿轮)5 转向相同。

第 9 章 间歇运动机构

9.1 基本要求

了解棘轮机构、槽轮机构、不完全齿轮机构的类型、特点及应用。

9.2 重点与难点

本章为典型机械机构的补充内容,帮助了解间歇运动机构的基本知识概况。

9.3 典型范例解析

例 9.1 已知槽轮的槽 $z=6$,拨盘的圆销数 $K=1$,拨盘的转速 $n=80$ r/min。求槽轮的运动时间和静止时间。

【解】 槽轮的运动特性系数为

$$\tau = \frac{k(z-2)}{2z} = \frac{6-2}{12} = \frac{1}{3}$$

拨盘运动时间为

$$T = \frac{1}{n} = \frac{1}{80}\text{min} = 0.75 \text{ s}$$

槽轮运动时间为

$$\tau_m = T\tau = 0.75 \text{ s} \times \frac{1}{3} = 0.25 \text{ s}$$

槽轮静止时间为

$$\tau_s = T - \tau_m = 0.75 \text{ s} - 0.25 \text{ s} = 0.5 \text{ s}$$

9.4 习题与思考题解答

习题 9.1 当原动件做等速转动时,为了使从动件获得间歇的转动,则可以采用哪些机构?其中间歇时间可调的机构是哪种机构?

【答】 可采用棘轮机构、槽轮机构和不完全齿轮机构等。棘轮机构间歇时间可调。

习题 9.2 径向槽均布的槽轮机构,槽轮的最少槽数为多少?槽数最少的外啮合槽轮机构,主动销数最多应为多少?

【答】 径向槽均布的槽轮机构,槽轮的最少槽数为 $z=3$,因为其运动系数必须大于零(如 $z=2$ 时,$\tau=0$)。主动销数最多为 5($K<\dfrac{2z}{z-2}=6$)。

习题 9.3 不完全齿轮机构和槽轮机构在运动过程中传动比是否变化?

【答】 不完全齿轮机构在运动过程中传动比不变,而槽轮机构在运动过程中传动比是变化的。

习题 9.4 有一外啮合槽轮机构,已知槽轮槽数 $z=6$,槽轮的停歇时间为 1 s,槽轮的运动时间为 2 s。求槽轮机构的运动特性系数及所需的圆销数目。

【解】 槽轮的运动系数为

$$\tau=\frac{t_2}{t_1}=\frac{2\text{ s}}{1\text{ s}+2\text{ s}}=\frac{2}{3}$$

槽轮所需的圆销数,由 $\tau=\dfrac{K(z-2)}{2z}$ 得

$$K=\frac{\tau}{\dfrac{1}{2}-\dfrac{1}{z}}=\frac{2/3}{\dfrac{1}{2}-\dfrac{1}{6}}=2$$

习题 9.5 某一单销六槽外槽轮机构,已知槽轮停时进行工艺动作,所需时间为 20 s。试确定主动轮的转速。

【解】 槽轮的运动系数为

$$\tau=\frac{t_2}{t_1}=\frac{z-2}{2z}=\frac{6-2}{2\times 6}=\frac{1}{3}$$

因 $t_1=3t_2$ 且 $t_1=t_2+20$,故解得

$$t_1=30\text{ s},\quad t_2=10\text{ s}$$

故主动轮的转速为 $\dfrac{1}{30}\text{r}\cdot\text{s}^{-1}$(2r·min^{-1})。

习题 9.6 某单销槽轮机构,槽轮的运动时间为 1 s,静止时间为 2 s。它的运动特性系数是多少? 槽数为多少?

【解】 槽轮的运动系数为

$$\tau=\frac{t_1}{t_1}=\frac{1\text{ s}}{1\text{ s}+2\text{ s}}=\frac{1}{3}$$

另由 $\tau=\dfrac{z-2}{2z}$ 解得

$$z=\frac{2}{1-2\tau}=6$$

9.5 自 测 题

一、填空题

1. 棘轮机构主要由_____、_____、_____组成,主动件是_____,做_____运动,从动件是_____,做_____性的时停、时动的间歇运动,适用于_____的场合。其棘轮转角大小的调节方法是:_____、_____。

2. 槽轮机构是由_____、_____和机架组成,优点是_____,缺点是_____,适用于_____的场合。

3. 不完全齿轮机构由_____与_____相啮合,使从动轮做_____运动。工作特点是_____。

9.6 自测题参考答案

一、填空题

1. 棘轮　棘爪　机架　棘爪　往复摆动　棘轮　周期　低速轻载　改变主动摇杆摆角的大小　在棘轮上加装一遮板以遮盖部分棘齿

2. 带有圆销的主动拨盘　具有径向槽的从动槽轮　结构简单、外形尺寸小、机械效率高　能较平稳、间歇地进行转位　存在柔性冲击、速度不太高

3. 一个或一部分齿的主动轮　按动停时间要求而做出的从动轮　间歇回转　结构简单,制造容易,工作可靠,动停时间比可在较大范围内变化,但在从动轮的运动始末有刚性冲击,适合于低速、轻载的场合

第 10 章　螺纹连接与螺旋传动

10.1　基本要求

(1) 熟悉螺纹的基本参数、常用螺纹的种类、特性及应用。
(2) 掌握螺纹连接的基本类型、结构特点及其应用，螺纹连接标准件，螺纹连接的预紧与防松。
(3) 掌握单个螺栓连接(松螺栓连接、受横向载荷的紧螺栓连接)的强度计算理论与方法。

10.2　重点与难点

螺纹连接的结构设计与表达，受横向载荷的紧螺栓连接的强度计算，各种防松方法。

10.3　典型范例解析

例 10.1　如图 10.1 所示，用 8 个 M24(d_1 = 20.752 mm)的普通螺栓连接的钢质液压油缸，螺栓材料的许用应力 $[\sigma]$ = 80 MPa，液压油缸的直径 D = 200 mm，为保证紧密性要求，剩余预紧力为 Q'_p = 1.6F，试求油缸内许用的最大压强 P_{max}。

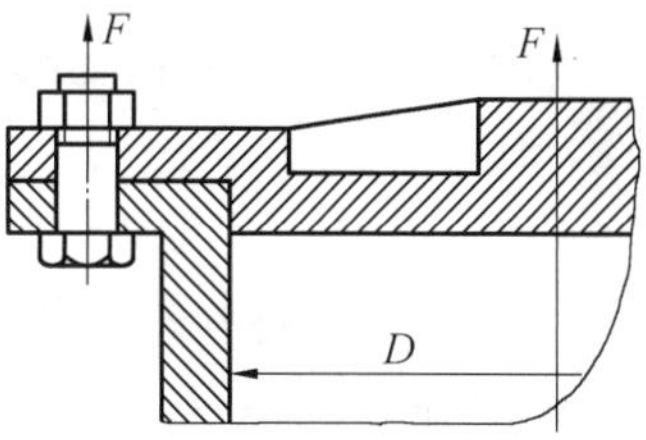

图 10.1

【解题思路】　(1) 先根据强度条件求出单个螺栓的许用拉力 Q。
(2) 再求许用工作载荷 F。

【解】　根据 $Q_{ca} = \dfrac{1.3Q}{\dfrac{\pi}{4}d_1^2} \leqslant [\sigma]$，解得

$$Q \leqslant \frac{\pi d_1^2}{4 \times 1.3}[\sigma] = \frac{(20.752 \text{ mm})^2 \pi}{4 \times 1.3} \times 80 \text{ MPa} = 20\ 814 \text{ N}$$

依题意

$$Q = Q'_p + F = 1.6F + F = 2.6F$$

由 2.6F = 20 814 N 解得

$$F = 8\ 005 \text{ N}$$

气缸许用载荷为

$$F_s = zF = 8F = 64\,043 \text{ N}$$

根据 $F_s = P_{max}\dfrac{\pi D^2}{4}$，解得

$$P_{max} = \dfrac{4F_s}{\pi D^2} = \dfrac{4 \times 64\,043 \text{ N}}{\pi \times (200 \text{ mm})^2} = 2.04 \text{ MPa}$$

例 10.2 螺栓连接如图 10.2(a)所示，4 个普通螺栓呈矩形分布，已知螺栓所受载荷 $R = 4\,000$ N，$L = 300$ mm，$r = 100$ mm，接合面数 $m = l$，接合面间的摩擦系数为 $f = 0.15$，可靠性系数 $K_f = 1.2$，螺栓的许用应力为 $[\sigma] = 240$ MPa。试求所需螺栓的直径(d_1)。

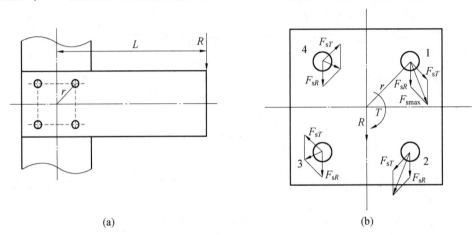

图 10.2

【解】 (1) 将 R 简化到螺栓组形心，成为一个横向载荷 R 和一个转矩 T，如图 10.2(b) 所示，其中

$$T = RL = 4\,000 \text{ N} \times 300 \text{ mm} = 1.2 \times 10^6 \text{ N·mm}$$

(2) 求每个螺栓连接承受的分力。

R 的分力 　　　　　$F_{sR} = R/z = 4\,000 \text{ N}/4 = 1\,000 \text{ N}$

T 的分力 　　　　$F_{sT} = \dfrac{T}{Sr_i} = \dfrac{T}{zr} = \dfrac{1.2 \times 10^6 \text{ N·mm}}{4 \times 100 \text{ mm}} = 3\,000 \text{ N}$

(3) 求 F_{smax}。

$$F_{smax} = \sqrt{F_{sR}^2 + F_{sT}^2 + 2F_{sR}F_{sT}\cos 45°} =$$
$$\sqrt{(1\,000 \text{ N})^2 + (3\,000 \text{ N})^2 + 2 \times 1\,000 \text{ N} \times 3\,000 \text{ N}\cos 45°} =$$
$$3\,774 \text{ N}$$

(4) 据不滑移条件

$$Q_p fm \geq K_f F_{smax}$$

所需预紧力

$$Q_p = \dfrac{K_f F_{smax}}{fm} = \dfrac{1.2 \times 3\,774 \text{ N}}{0.15 \times 1} = 30\,192 \text{ N}$$

(5) 根据强度条件

$$\sigma_{ca} = \frac{1.3Q_p}{\frac{\pi}{4}d_1^2} \leq [\sigma]$$

求得螺栓小径 d_1 为

$$d_1 = \sqrt{\frac{4 \times 1.3Q_p}{\pi[\sigma]}} = \sqrt{\frac{4 \times 1.3 \times 30\ 192\ \text{N}}{3.14 \times 240\ \text{MPa}}} = 14.430\ \text{mm}$$

10.4　习题与思考题解答

习题 10.1　常用螺纹的牙型有哪几种？各有什么特点？分别适用于何种场合？

【答】　轴螺纹有外螺纹与内螺纹之分，它们共同组成螺旋副。按工作性质螺纹分为连接用螺纹和传动用螺纹。连接用螺纹的当量摩擦角较大，有利于实现可靠连接；传动用螺纹的当量摩擦角较小，有利于提高传动的效率。螺纹是螺纹连接和螺旋传动的关键部分，机械中几种常用螺纹的特点和应用如下。

（1）三角形螺纹：牙型角大，自锁性能好，而且牙根厚、强度高，故多用于连接。常用的有普通螺纹、英制螺纹和圆柱管螺纹。

① 普通螺纹：国家标准中，把牙型角 $\alpha = 60°$ 的三角形米制螺纹称为普通螺纹，大径 d 为公称直径。同一公称直径可以有多种螺距的螺纹，其中螺距最大的称为粗牙螺纹，其余都称为细牙螺纹，粗牙螺纹应用最广。细牙螺纹的小径大、升角小，因而自锁性能好、强度高，但不耐磨、易滑扣，适用于薄壁零件、受动载荷的连接和微调机构的调整。普通螺纹的基本尺寸见教材。

② 英制螺纹：牙型角 $\alpha = 55°$，以英寸为单位，螺距以每英寸的牙数表示，也有粗牙、细牙之分。主要是英、美等国使用，国内一般仅在修配中使用。

圆柱管螺纹：牙型角 $\alpha = 55°$，牙顶呈圆弧形，旋合螺纹间无径向间隙，紧密性好，公称直径为管子的公称通径，广泛用于水、煤气、润滑等管路系统连接中。

（2）矩形螺纹：牙型为正方形，牙型角 $\alpha = 0°$，牙厚为螺距的一半，当量摩擦系数较小，效率较高，但牙根强度较低，螺纹磨损后造成的轴向间隙难以补偿，对中精度低，且精加工较困难，因此，这种螺纹已较少采用。

（3）梯形螺纹：牙型为等腰梯形，牙型角 $\alpha = 30°$，效率比矩形螺纹低，但易于加工，对中性好，牙根强度较高，当采用剖分螺母时，还可以消除因磨损而产生的间隙，因此广泛应用于螺旋传动中。

（4）锯齿形螺纹：锯齿形螺纹工作面的牙侧角为 $3°$，非工作面的牙侧角为 $30°$，兼有矩形螺纹效率高和梯形螺纹牙根强度高的优点，但只能承受单向载荷，适用于单向承载的螺旋传动。螺纹牙强度高，用于单向受力的传力螺旋，如螺旋压力机、千斤顶等。

习题 10.2　螺纹的基本参数有哪些？

【答】　以常用的普通圆柱螺纹为例，说明螺纹的主要参数：螺纹大径 d，螺纹小径 d_1，螺纹中径 d_2，螺距 P，线数 n，导程 P_h，螺纹升角 ψ，旋向，牙型角 α 和牙侧角 β，螺纹副的径向接触高度 h 等。

习题 10.3 常用的螺纹连接结构类型有哪些？各有何特点？各适用于何种场合？

【答】 螺纹连接有四种基本类型。

（1）螺栓连接。其结构特点是被连接件的孔中不切制螺纹，装拆方便，结构简单，适用于经常拆卸、受力较大的场合。

（2）双头螺栓连接。其结构特点是被连接件中薄件制光孔，厚件制螺纹孔，结构紧凑。适用于连接一厚一薄零件，受力较大、经常拆卸的场合。

（3）螺钉连接。其结构特点是螺钉直接旋入被连接件的螺纹孔中，结构简单。适用于连接一厚一薄零件，受力较小、不经常拆卸的场合。

（4）紧定螺钉连接。其结构特点是紧定螺钉旋入一零件的螺纹孔中，螺钉端部顶住另一零件，以固定两零件的相对位置。适用于传递不大的力或转矩的场合。

习题 10.4 螺纹连接为什么会松脱？防松的方法有哪几种？举例说明其防松原理。

【答】 因为在冲击、振动、变载以及温度变化大时，螺纹副间和支承面间的摩擦力可能在瞬间减小或消失，不再满足自锁条件。这种情况多次重复，就会使连接松动，导致机器不能正常工作或发生严重事故。因此，在设计螺纹连接时，必须考虑防松。根据防松原理，防松类型分为摩擦防松、机械防松、破坏螺纹副关系的永久性防松。双螺母对置拧紧防松、弹簧垫圈、锁紧螺母等防松方法都是采用摩擦防松原理，止动垫圈、开口销与六角开槽螺母配合使用，螺栓组串联钢丝等是采用机械防松的原理，焊接防松、冲点防松、粘接防松等都是采用永久防松的原理。

习题 10.5 对螺栓组连接进行结构设计时，通常要考虑哪些问题？

【答】 螺栓组连接结构设计的目的是合理确定连接结合面的几何形状和螺栓的布置形式，力求每个螺栓和连接结合面间受力均匀，便于加工和装配。应考虑的主要问题有：

（1）连接结合面设计成轴对称的简单几何形状；
（2）螺栓的布置应使各螺栓的受力合理；
（3）螺栓的排列应有合理的间距、边距；
（4）分布在同一圆周上螺栓数目应取成 4、6、8 等偶数；
（5）避免螺栓承受附加弯曲载荷。

习题 10.6 在受横向载荷的紧螺栓连接强度计算中，为什么把 F' 增大 30%，其物理意义是什么？

【解】 当螺栓拧紧后，其螺纹部分不仅受因预紧力 F_0 的作用而产生的拉伸正应力 σ，还受因螺纹摩擦力矩下 T_1 的作用而产生的扭转剪应力 τ，使螺栓螺纹部分处于拉伸与扭转的复合应力状态。根据第四强度理论，可求出螺栓螺纹部分危险截面的当量应力 $\sigma_e \approx 1.3\sigma$，则强度条件为 $\sigma_e = 1.3\sigma \leq [\sigma]$。

因拉伸正应力 $\sigma = \dfrac{F_0}{A} = \dfrac{F_0}{\dfrac{\pi d_1^2}{4}}$，则强度条件为

$$\frac{1.3 F_0}{\dfrac{\pi d_1^2}{4}} \leq [\sigma]$$

第 10 章　螺纹连接与螺旋传动

可见，紧螺栓连接的强度计算可按纯拉伸强度计算，考虑螺纹摩擦力矩 T_1 的影响，需将螺栓拉力增加 30%。

习题 10.7　在受轴向载荷的紧螺栓连接中，螺栓承受的总拉力 F_0 应如何计算？试用螺栓和被连接件的受力-变形图导出预紧力 F'、残余预紧力 F''、工作载荷 F 和总拉力 F_0 之间的关系。

【解】　如图 10.3 所示，当连接承受工作载荷 F 时，螺栓的总拉力为 F_0，相应的总伸长量为 $\lambda_b + \Delta\lambda$；被连接件的压缩力等于残余预紧力 F''，相应的总压缩量为 $\lambda'_m = \lambda_m - \Delta\lambda$。由图可见，螺栓的总拉力 F_0 等于残余预紧力 F'' 与工作拉力 F 之和，即

$$F_0 = F'' + F$$

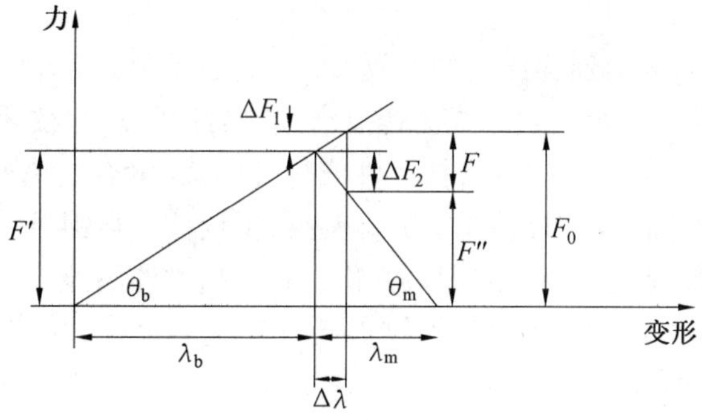

图 10.3

习题 10.8　试述降低螺栓刚度和增加被连接件刚度的方法。

【答】　降低螺栓刚度：
（1）适当增加螺栓的长度；
（2）采用减小螺栓杆直径的腰状杆螺栓或空心螺栓；
（3）在螺母下面安装弹性元件。
增加被连接件刚度：可采用刚性大的垫片。

习题 10.9　为什么在铸件或锻件未加工表面上安装螺栓时，要做出表面被加工的凸台或沉头座？

【答】　在铸件或锻件未加工表面上安装螺栓时，要做出表面被加工的凸台或沉头座是为了：
（1）降低表面粗糙度，保证连接的紧密性；
（2）避免螺栓承受偏心载荷；
（3）减少加工面，降低加工成本。

习题 10.10　试述螺旋传动的类型、特点和应用场合。

【答】　螺旋传动按螺杆和螺母之间的摩擦状态可分为滑动螺旋、滚动螺旋、滚滑螺旋和液压螺旋。

（1）滑动螺旋：滑动螺旋摩擦系数比其他三种大，传动效率低，低速时有爬行现象，但抗冲击性较强。采用单螺母时，因螺纹有侧隙，反转有空行程，定位精度较低，采用双螺母预紧可消除间隙，但摩擦较大。滑动螺旋的结构简单，加工及安装精度要求低，成本低。

(2) 滚动螺旋:滚动螺旋的摩擦系数低,传动效率高达 90%,低速时无爬行,传动平稳,但高速时有噪声,抗冲击性差。采用预紧办法可提高定位精度。滚动螺旋的结构复杂,制造工艺较复杂,需要由专业厂加工制造,成本高。

(3) 滚滑螺旋:滚滑螺旋的螺母由三个无螺旋升角的环形滚柱组成,摩擦状态既有滑动摩擦又有滚动摩擦。滚滑螺旋的摩擦系数介于滑动摩擦和滚动摩擦之间,低速时无爬行,传动平稳,但抗冲击性较差,结构较复杂,加工及安装精度要求较高,成本较低。

(4) 液压螺旋:液压螺旋的螺杆与螺母之间充满了液体,处于液体摩擦状态。液压螺旋摩擦系数很低,传动灵敏。效率高达 99%,能实现微传量移动,能实现反正转无间隙,定位精度及轴向刚度高。结构复杂,牙型角较小,加工困难,加工及安装精度要求高,成本高。

习题 10.11 试述滑动螺旋传动的失效形式和设计准则。

【答】 滑动螺旋的主要失效形式为螺纹磨损、螺杆断裂、螺纹牙根断裂和弯断,螺杆很长时还可能失稳。一般常根据抗磨损条件或螺杆断面强度条件设计螺杆尺寸,对其他失效形式进行校核计算。对有自锁要求的螺旋副,要校核其自锁条件,对传动精度要求高的螺旋副,需校核由螺旋变形造成的螺距变化量是否超过许用值。

习题 10.12 查手册确定下列各螺纹连接件的主要尺寸,并按 1∶1 比例画出装配图。

(1) 用两个 M12 六角螺栓连接两块厚度均为 20 mm 的钢板,采用弹簧垫圈防松,两钢板上钻通孔。

(2) 用两个 M12 双头螺柱连接厚 25 mm 的铸造凸缘和一个很厚的铸铁件,用弹簧垫圈防松。

(3) 用 M10 开槽沉头螺钉连接厚 15 mm 的钢板和一个很厚的钢质零件。用弹簧垫圈防松。

【解】 如图 10.4 所示。

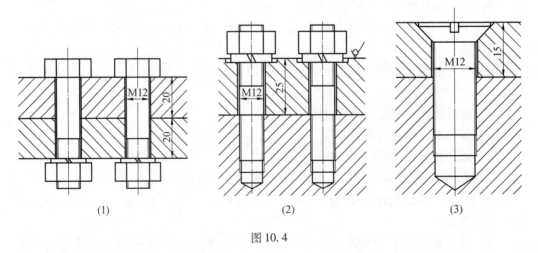

图 10.4

习题 10.13 指出图 10.5 中的结构及绘图错误,并改正之。

【答】 图 10.5(a)为双头螺柱连接:

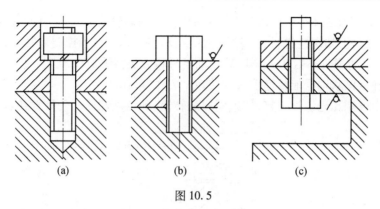

图 10.5

(1) 双头螺柱的光杆部分不能拧进被连接的螺纹孔内;
(2) 锥孔应该是 120°;
(3) 若上边被连接件是铸件,则少沉头座孔,表面也没加工;
(4) 上边被连接件光孔与螺柱应有间隙;
(5) 沉孔尺寸过小,无法上紧;
(6) 弹簧垫圈缺口方向不对。

图 10.5(b)为螺钉连接:

(1) 采用螺钉连接时,被连接件之一应有大于螺栓大径的光孔,而另一被连接件上应有与螺钉相旋合的螺纹孔。而图中上边被连接件没有做成大于螺栓大径的光孔,而且螺纹孔画法不对;

(2) 若上边被连接件是铸件,则少沉头座孔,表面也没加工。

图 10.5(c)为普通螺栓连接:

(1) 螺栓安装方向不对,装不进去,应掉过头来安装;
(2) 被连接件表面没加工,应做出沉头座孔,以保证螺栓头及螺母支撑面平整且垂直于螺栓轴,避免产生附加弯曲应力;
(3) 缺少弹簧垫圈。

改正后的结构如图 10.6 所示。

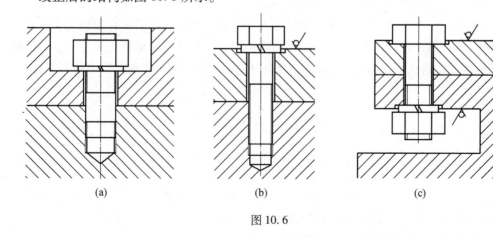

图 10.6

习题 10.14 如图 10.7 所示凸缘联轴器由 6 个均匀直径 $D_0 = 220$ mm 上的 M16 普通螺栓连接在一起,已知螺栓材料为 35 钢。强度级别为 5.6 级,不控制预紧力,接合面间摩擦系数 $f = 0.15$,可靠性系数为 $K_s = 1.2$,联轴器材料为灰铸铁 HT200。

(1) 试确定该联轴器能传递多大的转矩?

(2) 若用铰制孔光螺栓连接,传递同样的转矩,确定该螺栓的公称直径。

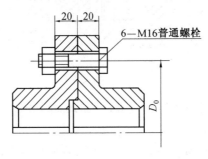

图 10.7

【解】 1. 计算螺栓组连接允许传递的最大转矩 T_{max}

先计算螺栓所需的预紧力 F'。

普通螺栓的材料为 35 钢,性能级别为 5.6 级,查教材表 10.3,可知 $\sigma_s = 300$ MPa,采用不控制预紧力,则由教材表 10.4 可知许用拉应力

$$[\sigma] = \sigma_s/(4 \sim 5) = 300 \text{ MPa}/5 = 60 \text{ MPa}$$

$$F' \leq \frac{\pi d^2 \times [\sigma]}{4 \times 1.3} = \frac{\pi \times (13.835 \text{ mm})^2 \times 60 \text{ MPa}}{4 \times 1.3} = 6\,938.3 \text{ N}$$

按接合面间不发生相对滑移的条件,则有

$$6fF'D_0/2 = K_s T_{max}$$

$$T_{max} = \frac{6fF'D_0}{2K_s} = \frac{6 \times 0.15 \times 6\,938.3 \text{ N} \times 220 \text{ mm}}{2 \times 1.2} = 5.724 \times 10^5 \text{ N} \cdot \text{mm}$$

故该螺栓连接允许传递的最大转矩 $T_{max} = 5.724 \times 10^5$ N·mm。

2. 改为铰制孔光螺栓连接,计算螺栓公称直径

该铰制孔用精制螺栓连接所能传递转矩大小受螺栓剪切强度和配合面挤压强度的制约。因此,可按螺栓剪切强度条件来计算公称直径,然后校核配合面挤压强度。也可按螺栓剪切强度和配合面挤压强度分别求出公称直径,取其值大者。本解按第一种方法计算。

由

$$\tau = \frac{2T}{6D\pi d_s^2/4} \leq [\tau]$$

得

$$d_s \geq \sqrt{\frac{4T_{max}}{3D_0 \pi [\tau]}} = \sqrt{\frac{4 \times 5.724 \times 10^5 \text{ N} \cdot \text{mm}}{3 \times 220 \text{ mm} \times \pi \times 60}} = 4.920 \text{ mm}$$

其中 $[\tau] = \sigma_s/(3.5 \sim 5) = 300$ MPa/5 = 60 MPa

查 GB 196—81,取 M8($d_1 = 6.647$ mm > 4.920 mm)。

校核螺栓与孔结合面间的挤压强度为

$$\sigma_p = \frac{2T}{6Dd_s h_{min}} \leqslant [\sigma]_p$$

式中，h_{min} 为配合面最小接触高度，$h_{min} = 20$ mm；$[\sigma]_p$ 为配合面材料的许用挤压应力，HT200 其许用挤压应力 $[\sigma]_{p1} = 100$ MPa，螺栓材料的许用挤压应力 $[\sigma]_{p2} = (300/1.25) \times 70\% = 168$ MPa，因螺栓材料的 $[\sigma]_{p2}$ 大于半联轴器材料的 $[\sigma]_{p1}$，故取 $[\sigma]_p = [\sigma]_{p1} = 100$ MPa。

$$\sigma_p = \frac{2T_{max}}{6Dd_s h_{min}} = \frac{2 \times 5.724 \times 10^5 \text{ N} \cdot \text{mm}}{6 \times 220 \text{ mm} \times 8 \text{ mm} \times 20 \text{ mm}} = 5.42 \text{ MPa} < [\sigma]_p = 100 \text{ MPa}$$

所以满足挤压强度。

习题 10.15 如图 10.8 所示，缸体与缸盖凸缘用普通螺栓连接，已知气缸内径 $D = 100$ mm，气缸内气体压强 $p = 1$ MPa，螺栓均匀分布于 $D_0 = 140$ mm 的圆周上，试设计该螺栓组连接的螺栓数目与螺栓的公称尺寸。

【解】 1. 初选螺栓数目 Z

因为螺栓分布圆直径适中，为保证螺栓间间距不致过大，所以应选用较多的螺栓，初取 $Z = 4$，对称布置，并有适当的间距。如图 10.9 所示。

2. 计算螺栓的轴向工作载荷 F

（1）螺栓组连接的最大轴向载荷 F_Q。

$$F_Q = \frac{\pi D^2}{4} p = \frac{\pi \times (100 \text{ mm})^2}{4} \times 1 \text{ MPa} = 7.853 \times 10^3 \text{ N}$$

（2）螺栓的最大轴向工作载荷 F。

$$F = \frac{F_Q}{Z} = \frac{7.853 \times 10^3 \text{ N}}{4} = 1\,963.5 \text{ N}$$

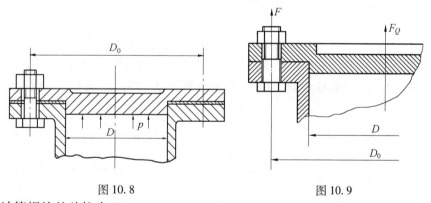

图 10.8   图 10.9

3. 计算螺栓的总拉力 F_0

为保证气密性要求，剩余预紧力 $F'' = 1.8F$（F 为螺栓的轴向工作载荷）

$$F_0 = F'' + F = 1.8F + F = 2.8F = 2.8 \times 1\,963.5 \text{ N} = 5\,497.8 \text{ N}$$

4. 计算螺栓直径

选螺栓材料为 Q215，螺栓强度级别为 3.6 级，则由表 10.3 得螺栓材料的屈服极限 $\sigma_s = 180$ MPa，装配时控制预紧力，由教材表 10.4 可得，许用拉应力为

$$[\sigma] = \sigma_s/(1.2 \sim 1.5) = 180 \text{ MPa}/1.5 = 120 \text{ MPa}$$

由教材式(10.25)可得,螺纹小径为

$$d_1 \geqslant \sqrt{\frac{4\times 1.3 F_0}{\pi[\sigma]}} = \sqrt{\frac{4\times 1.3\times 5\ 497.8\ \text{N}}{\pi\times 120\ \text{MPa}}} = 8.708\ \text{mm}$$

查 GB 196—81,取 M12(d_1 = 10.106 mm>8.708 mm)。

10.5 自 测 题

一、填空题

1. 常见的螺纹形式有_____、_____、_____、_____。_____的自锁性最好,常用于连接,_____的传动效率高,常用于传动。

2. 螺纹连接的基本类型有_____种,它们分别是_____、_____、_____和_____。

3. 螺纹连接预紧的目的是增强_____、_____,以防_____。

4. 螺纹连接防松的根本问题在于_____,常见的螺纹连接防松方法中按工作原理可分为_____、_____和_____。

5. 螺旋传动的主要功用是_____,按其用途不同一般可分为_____、_____和_____三种类型。

10.6 自测题参考答案

一、填空题

1. 三角形螺纹　矩形螺纹　梯形螺纹　锯齿形螺纹　三角形螺纹　矩形螺纹
2. 四　螺栓连接　双头螺柱连接　螺钉连接　紧定螺钉连接
3. 连接的刚度　紧密性和防松能力　受载后被连接件间出现缝隙或发生相对滑移
4. 防止螺纹副的相对转动　摩擦防松　机械防松　破坏螺纹副关系
5. 将回转运动变为直线运动,同时传递运动和动力　传力螺旋　传导螺旋　调整螺旋

第 11 章 轴

11.1 基本要求

(1) 了解轴的功用与分类,掌握各类轴的受力与应力分析。
(2) 了解转轴的一般设计步骤;了解轴的材料和选用。
(3) 掌握轴的结构设计的基本要求和方法;掌握轴的强度计算方法。
(4) 掌握平键连接的工作原理、失效形式和强度校核计算,平键剖面尺寸及长度确定。

11.2 重点与难点

本章重点是各类轴的受力与应力分析,转轴的强度计算,轴的结构设计(轴上零件的定位固定方法,与轴的配合,结构工艺性,确定各段轴的直径 d 和长度 l 等)。

11.3 典型范例解析

例 11.1 两极展开式斜齿圆柱齿轮减速器的中间轴如图 11.1(a)所示,尺寸和结构如图 11.1(b)所示。已知:中间轴转速 $n_2 = 180 \text{ r·min}^{-1}$,传动功率 $P = 5.5 \text{ kW}$,有关的齿轮参数见表 11.1。试进行中间轴的强度校核计算。

表 11.1

	m_n/mm	α_n	z	β	旋向
齿轮 2	3	20°	112	10°44′	右
齿轮 3	4	20°	23	9°22′	右

【解】 (1) 求出轴上转矩。

$$T = 9.55 \times 10^6 \frac{P}{n} = 9.55 \times 10^6 \times \frac{5.5 \text{ kW}}{180 \text{ r·min}^{-1}} = 291\,805.56 \text{ N·mm}$$

(2) 求作用在齿轮上的力。

$$d_2 = \frac{m_n z_2}{\cos \beta_2} = \frac{3 \text{ mm} \times 112}{\cos 10°44′} = 341.98 \text{ mm}$$

$$d_3 = \frac{m_n z_3}{\cos \beta_3} = \frac{3 \text{ mm} \times 23}{\cos 9°22′} = 93.24 \text{ mm}$$

$$F_{t2} = \frac{2T}{d_2} = \frac{2 \times 291\,805.56 \text{ N·mm}}{341.98 \text{ mm}} = 1\,706.57 \text{ N}$$

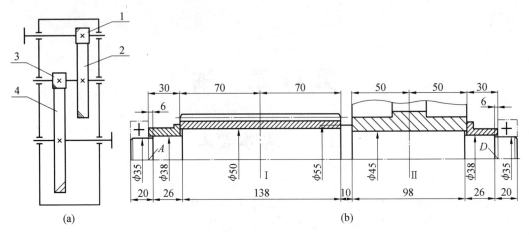

图 11.1

$$F_{t3} = \frac{2T}{d_3} = \frac{2 \times 291\ 805.56\ \text{N·mm}}{93.24\ \text{mm}} = 6\ 259.24\ \text{N}$$

$$F_{r2} = F_{t2}\frac{\tan \alpha_n}{\cos \beta_2} = 1\ 706.57\ \text{N} \times \frac{\tan 20°}{\cos 10°44'} = 632.2\ \text{N}$$

$$F_{r3} = F_{t3}\frac{\tan \alpha_n}{\cos \beta_3} = 1\ 706.57\ \text{N} \times \frac{\tan 20°}{\cos 9°22'} = 2\ 308.96\ \text{N}$$

$$F_{a2} = F_{t2}\tan \beta_2 = 1\ 706.57\ \text{N} \times \tan 10°44' = 323.49\ \text{N}$$

$$F_{a3} = F_{t3}\tan \beta_3 = 6\ 259.24\ \text{N} \times \tan 9°22' = 1\ 032.47\ \text{N}$$

（3）求轴上载荷。

作轴的空间受力分析，如图 11.2（a）所示。

作垂直受力图、弯矩图，如图 11.2（b）所示。

$$F_{\text{NH}A} = \frac{F_{t3} \cdot BD + F_{t2} \cdot CD}{AD} = \frac{6\ 259.24\ \text{N} \times 210\ \text{mm} + 1\ 706.57\ \text{N} \times 80\ \text{mm}}{310\ \text{mm}} = 4\ 680.54\ \text{N}$$

$$F_{\text{NH}D} = F_{t2} + F_{t3} - F_{\text{NH}A} = 1\ 706.57\ \text{N} + 6\ 259.24\ \text{N} - 4\ 680.54\ \text{N} = 3\ 285.27\ \text{N}$$

$$M_{HB} = F_{\text{NH}A} \cdot AB = 4\ 680.54\ \text{N} \times 100\ \text{mm} = 468\ 054\ \text{N·mm} = 468.05\ \text{N·m}$$

$$M_{HC} = F_{\text{NH}D} \cdot CD = 3\ 285.27\ \text{N} \times 80\ \text{mm} = 262\ 821.6\ \text{N·mm} = 262.822\ \text{N·m}$$

作水平受力图、弯矩图，如图 11.2（c）所示。

$$F_{\text{NV}A} = \frac{-F_{r3} \cdot BD + F_{r2} \cdot AC + F_{a3} \cdot \dfrac{d_3}{2} + F_{a2} \cdot \dfrac{d_2}{2}}{AD} =$$

$$\frac{-2\ 308.96\ \text{N} \times 210\ \text{mm} + 632.2\ \text{N} \times 80\ \text{mm} + 1\ 032.47\ \text{N} \times \dfrac{93.24\ \text{mm}}{2} + 323.49\ \text{N} \times \dfrac{341.99\ \text{mm}}{2}}{310\ \text{mm}} =$$

$$-1\ 067.28\ \text{N}$$

$$F_{\text{NV}D} = \frac{F_{r3} \cdot AB - F_{r2} \cdot AC + F_{a3} \cdot \dfrac{d_3}{2} + F_{a2} \cdot \dfrac{d_2}{2}}{AD} =$$

$$\frac{2\,308.96\text{ N}\times100\text{ mm}-632.2\text{ N}\times230\text{ mm}+1\,032.47\text{ N}\times\frac{93.24\text{ mm}}{2}+323.49\text{ N}\times\frac{341.99\text{ mm}}{2}}{310}=609.48\text{ N}$$

$$M_{VB}=F_{NVA}\cdot AB=-1\,067.28\text{ N}\times100\text{ mm}=-106.728\text{ N}\cdot\text{m}$$

$$M'_{VB}=F_{NVA}\cdot AB-F_{a3}\cdot\frac{d_3}{2}=-1\,067.28\text{ N}\times100\text{ mm}-1\,032.47\text{ N}\times\frac{93.24\text{ mm}}{2}=-154.86\text{ N}\cdot\text{m}$$

$$M_{VC}=-F_{NHD}\cdot CD=-609.48\text{ N}\times80\text{ mm}=-48.76\text{ N}\cdot\text{m}$$

$$M'_{VC}=F_{a2}\cdot\frac{d_2}{2}-F_{NHD}\cdot CD=323.49\text{ N}\times\frac{341.99\text{ mm}}{2}-609.48\text{ N}\times80\text{ mm}=6.555\text{ N}\cdot\text{m}$$

作合成弯矩图,如图 11.2(d)所示。

$$M_B=\sqrt{M_{HB}^2+M_{VB}^2}=\sqrt{(468.05\text{ N}\cdot\text{m})^2+(-106.728\text{ N}\cdot\text{m})^2}=480.068\text{ N}\cdot\text{m}$$

$$M'_B=\sqrt{M_{HB}^2+M'^2_{VB}}=\sqrt{(468.05\text{ N}\cdot\text{m})^2+(-154.86\text{ N}\cdot\text{m})^2}=493.007\text{ N}\cdot\text{m}$$

$$M_C=\sqrt{M_{HC}^2+M_{VC}^2}=\sqrt{(262.822\text{ N}\cdot\text{m})^2+(-48.76\text{ N}\cdot\text{m})^2}=267.307\text{ N}\cdot\text{m}$$

$$M'_C=\sqrt{M_{HC}^2+M'^2_{VC}}=\sqrt{(262.822\text{ N}\cdot\text{m})^2+(6.555\text{ N}\cdot\text{m})^2}=262.804\text{ N}\cdot\text{m}$$

作扭矩图,如图 11.2(e)所示。

$$T=291\,805.56\text{ N}\cdot\text{mm}=291.805\,56\text{ N}\cdot\text{m}$$

作当量弯矩图,如图 11.2(f)所示。
转矩产生的弯曲应力按脉动循环应力考虑,取 $\alpha=0.6$。

$$M_{caB}=M_B=480.068\text{ N}\cdot\text{m}\,(T=0)$$

$$M'_{caB}=\sqrt{(M'_B)^2+(\alpha T)^2}=\sqrt{(493.007\text{ N}\cdot\text{m})^2+(0.6\times291.805\,56\text{ N}\cdot\text{m})^2}=523.173\text{ N}\cdot\text{m}$$

$$M_{caC}=M_C=267.307\text{ N}\cdot\text{m}$$

$$M'_{caC}=\sqrt{(M'_C)^2+(\alpha T)^2}=\sqrt{(262.904\text{ N}\cdot\text{m})^2+(0.6\times291.805\,56\text{ N}\cdot\text{m})^2}=315.868\text{ N}\cdot\text{m}$$

(4)按弯矩合成应力校核轴的强度,校核截面 B、C。

B 截面

$$W_B=0.1d^3=0.1\times(50\text{ mm})^3=12\,500\text{ mm}^3$$

$$\sigma_{caB}=\frac{M'_{caB}}{W_B}=\frac{523.173\text{ N}\cdot\text{m}}{12\,500\times10^{-9}\text{ m}^3}=41.85\text{ MPa}$$

C 截面

$$W_C=0.1d^3=0.1\times(45\text{ mm})^3=9\,112.5\text{ mm}^3$$

$$\sigma_{caC}=\frac{M'_{caC}}{W_C}=\frac{315.868\text{ N}\cdot\text{m}}{9\,112.5\times10^{-9}\text{ m}^3}=34.66\text{ MPa}$$

轴的材料为 45 钢正火,$HBS\geqslant200$,$\sigma_B=560$ MPa,$[\sigma_{-1}]=51$ MPa,$\sigma_{caC}\leqslant\sigma_{caB}\leqslant[\sigma_{-1}]$,故安全。

例 11.2 在图 11.3 所示轴的结构图中存在多处错误,请指出错误点,说明出错误原因。

【解】 如图 11.4 所示,具体错误有:

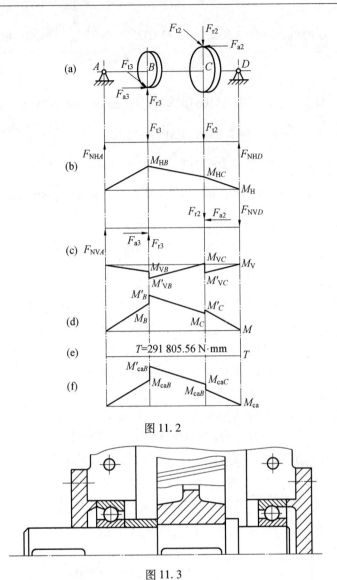

图 11.2

图 11.3

① 轴头无轴肩,外伸零件无法定位。
② 轴无阶梯,轴承安装困难,加工量大。
③ 端盖无垫片,无法调整轴向间隙。
④ 套筒高度与轴承内圆高度相同,轴承无法拆卸。
⑤ 键槽过长,开到端盖内部。
⑥ 端盖与轴无间隙,无密封材料。
⑦ 轴颈长度与轴上零件轮毂长度相等,无法使套筒压紧齿轮。
⑧ 右轴承未定位。

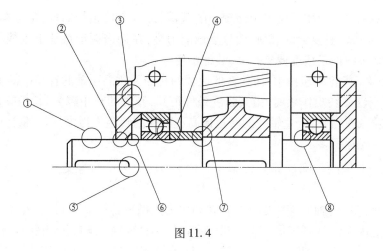

图 11.4

11.4 习题与思考题解答

习题 11.1 轴的作用是什么？心轴、转轴和传动轴的区别是什么？

【答】 轴是机器中的重要零件之一，用来支承轴上的运动和力，并传递运动和动力。

三种轴的承载情况不同。心轴支承转动零件且只承受弯矩而不承受转矩；转轴工作时既承受弯矩又承受转矩；传动轴工作时传递转矩不承受弯矩或受弯矩很小。

习题 11.2 轴的常用材料有哪些？同一工作条件，若不改变轴的结构尺寸，仅将轴的材料由碳钢改为合金钢，为什么只提高了轴强度而不能提高轴的刚度？

【答】 轴的材料主要采用碳素钢和合金钢。常用的碳素钢有 30、40、45、50 钢和 Q235，常用的合金钢有 20Cr、40Cr、35SiMn 和 35CrMo。

碳素钢和合金钢的弹性模量相差不多，因此不能靠选合金钢来提高轴的刚度。

习题 11.3 轴上零件的轴向固定有哪些方法？各有何特点？轴上零件的周向固定有哪些方法？各有何特点？

【答】 (1) 轴上零件常用的轴向固定有轴肩、套筒、圆螺母、轴端挡圈、弹性挡圈、紧定螺钉等。

轴肩可承受较大的轴向载荷，但只能使轴上零件沿轴向单向固定，因此只能和其他轴向固定方法联合使用；套筒是用作轴上相邻零件的轴向固定，其结构简单、应用较多；圆螺母是当轴上相邻两零件间距较大，以致套筒太长或无法采用套筒时，可采用其固定；轴端挡圈常用于轴端的轴上零件的轴向固定；弹性挡圈方法简单，用于轴向力很小处，但对轴的强度削弱较大；紧定螺钉连接既可起轴向固定作用，又可起周向固定作用。

(2) 轴上零件常用的周向固定有键、花键、成形、弹性环、销、过盈等连接。

键连接常用来实现轴与轮毂间的周向固定并传递转矩；花键连接具有承载能力强、对轴削弱程度小、定心好和导向性好等优点；成形连接没有应力集中源，定心性好，承载能力强，装拆方便，但由于加工工艺上的困难，应用并不普遍；弹性环连接是由两个内外锥面配合的弹性环挤紧在轴与孔之间所构成的可拆连接，要求表面精加工和配合良好；销连接主要用于固定零件之间的相互位置传递较小的载荷;过盈连接结构简单,定心精度好,可承受转矩,轴向力或两者复合的载荷,而且承载能力高,在冲击振动载荷下也能较可靠地工作。缺点是结合面加工精度要求较高,装配不便。

习题 11.4 齿轮减速器中,为什么低速轴的直径要比高速轴的直径粗得多?

【答】 当轴受转矩作用时,由其强度条件可知,其受的转矩越大,其相应直径也应越大。而在齿轮减速器中,低速轴受的转矩比高速轴受的转矩大得多,所以低速轴的直径要比高速轴的直径粗得多。

习题 11.5 轴的强度计算公式 $M_e = \sqrt{M^2 + (\alpha T)^2}$ 中,α 的含义是什么?其大小如何确定?

【答】 考虑回转轴的弯曲应力与扭转切应力的循环特征的不同,引入折合系数 α。

α 是根据转矩性质而定的折合系数,对于不变的转轴,$\alpha = 0.3$;当转矩脉动变化时,$\alpha = 0.6$;对于频繁正反手扭的轴,可看作 $\alpha = 1$;若转矩的变化规律不清楚,一般可按脉动循环处理。

习题 11.6 轴承受载荷后,如果产生过大的弯曲变形或扭转变形,对轴的正常工作有何影响?举例说明之。

【答】 轴受载以后,如果产生了过大的弯曲变形或扭转变形,将影响到轴上零件的正常工作,如会使轴承的内外环相互倾斜,当超过允许值时,将使轴承寿命显著降低。扭转变形过大,将影响机器的精度及旋转零件上载荷的分布均匀性,对轴的振动也有一定影响。

习题 11.7 已知一传动轴的传递功率为 37 kW,转速为 $n = 900$ r·min^{-1},如果轴上的扭切应力不允许超过 40 MPa,求该轴的直径。要求:

(1) 按实心轴计算;

(2) 按空心轴计算,内外径之比取 0.4、0.6、0.8 三种方案;

(3) 比较各方案轴质量之比(取实心轴质量为 1)。

【解】 (1) 按实心轴计算,由强度条件为

$$\tau = \frac{T}{W_T} \approx \frac{9.55 \times 10^3 \frac{P}{n}}{W_T} \leq [\tau]$$

式中 P——轴传递的功率,kW;

n——轴的转速,r·min^{-1};

$[\tau]$——许用扭转切应力,MPa;

W_T——抗扭截面模量。

实心轴时,抗扭截面模量 $W_T = \frac{\pi d^3}{16} \approx \frac{d^3}{5}$,由强度条件,$d \geq \sqrt[3]{\frac{9.55 \times 10^6 \frac{P}{n}}{0.2[\tau]}}$,代入数据得

$$d \geq 16.99 \text{ mm}$$

(2) 空心轴时,抗扭截面模量

$$W_T = \frac{\pi d^3}{16}(1 - r^4) \approx \frac{d^3(1 - r^4)}{5}$$

其中 $r = \dfrac{d_1}{d}$。

由强度条件,$d \geqslant \sqrt[3]{\dfrac{9.55 \times 10^6 \dfrac{P}{n}}{0.2[\tau](1-r^4)}}$,代入相应数据

$$r = 0.4 \text{ 时}, d \geqslant 17.14 \text{ mm}$$
$$r = 0.6 \text{ 时}, d \geqslant 17.80 \text{ mm}$$
$$r = 0.8 \text{ 时}, d \geqslant 20.26 \text{ mm}$$

(3) 实心轴质量

$$m = \rho V = \rho \pi h \dfrac{d^2}{4}$$

空心轴质量

$$m = \rho V = \rho \pi h \dfrac{d^2}{4}(1-r)(1+r)$$

则其质量比为

$$1 : 0.84 \left(\dfrac{d_1}{d_0}\right)^2 : 0.64 \left(\dfrac{d_2}{d_0}\right)^2 : 0.36 \left(\dfrac{d_3}{d_0}\right)^2 = 1 : 0.85 : 0.70 : 0.51$$

习题 11.8 有一台离心风机,由电动机直接驱动,电动机功率 $P = 7.5$ kW,轴的转速 $n = 1\,440$ r·min^{-1},轴的材料为 45 钢。试估算轴的基本直径。

【解】 45 钢材料的许用扭转切应力 $[\tau] = 30 \sim 40$ MPa,取 $[\tau] = 40$ MPa,代入强度条件公式,得

$$d \geqslant \sqrt[3]{\dfrac{9.55 \times 10^6 \dfrac{P}{n}}{0.2[\tau]}} = \sqrt[3]{\dfrac{9.55 \times 10^6 \dfrac{7.5 \text{ kW}}{1\,440 \text{ r·min}^{-1}}}{0.2 \times 40 \text{ MPa}}} = 18.39 \text{ mm}$$

习题 11.9 指出图 11.5 所示轴结构中的错误,并画出正确的结构图。

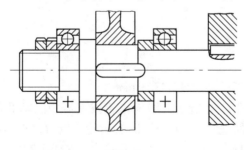

图 11.5

【解】 从左到右,错误之处有:
(1) 双圆螺母处的螺纹长度过长,且螺母高度过高;
(2) 轴肩过高,轴承无法拆卸;
(3) 配合段轴长度过长,轮毂未固定,且键的长度不合理;
(4) 轴承没有轴向固定;
(5) 方向不正确。

改正后的结构如图 11.6 所示。

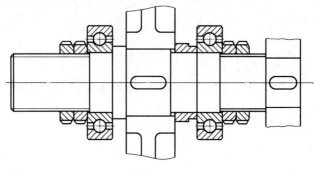

图 11.6

习题 11.10 已知一单级直齿圆柱齿轮减速器,电动机直接拖动,电动机功率 $P = 22$ kW,转速 $n_1 = 1\,470$ r·min^{-1},齿轮模数 $m = 4$ mm,齿数 $z_1 = 18$,$z_2 = 82$,若支承间跨距 $l = 180$ mm(齿轮位于跨距中央),轴的材料用 45 钢调质,试计算输出轴危险截面处的直径 d。

【解】 由力学知识,横跨轴所受最大弯矩处为轴中间位置,则危险截面即为输出轴中间位置。

输入轴扭矩为

$$T_1 = 9.55 \times 10^3 \frac{P}{n} = 9.55 \times 10^3 \frac{22 \text{ kW}}{1\,470 \text{ r·min}^{-1}} = 142.93 \text{ N·m}$$

输出轴扭矩为

$$T_2 = T_1 \times i_{12} = 142.93 \text{ N·m} \times \frac{82}{18} = 651 \text{ N·m}$$

45 钢的许用抗扭转切应力为

$$[\tau] = 30 \sim 40 \text{ MPa}$$

由强度条件有

$$\tau = \frac{T_2}{W_T} \leqslant [\tau]$$

$$W_T \approx 0.2 d^3$$

计算得危险截面处直径要求 $d \geqslant 43.3$ mm。

习题 11.11 计算图 11.7 所示二级斜齿轮减速器中间轴 Ⅱ 的强度。已知中间轴 Ⅱ 的输入功率 $P = 40$ kW,转速 $n_2 = 20$ r·min^{-1},齿轮 2 的分度圆直径 $d_2 = 688$ mm、螺旋角 $\beta = 12°50'$,齿轮 3 的分度圆直径 $d_2 = 170$ mm、螺旋角 $\beta = 10°29'$。

【解】 轴的一般材料为 45 钢,由强度条件得最小直径 $d \geqslant 133.6$ mm。

齿轮输入转矩为

$$T = 9.55 \times 10^3 \frac{P}{n_1} = 9.55 \times 10^3 \times \frac{40 \text{ kW}}{20 \text{ r·min}^{-1}} = 4\,775 \text{ N·m}$$

齿轮 2 所受作用力:

切向力 $$F_{2t} = \frac{2T}{d_2} = \frac{2 \times 4\,775 \text{ N·mm}}{0.688 \text{ mm}} = 13\,881 \text{ N}$$

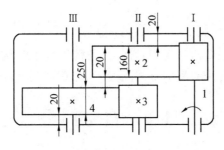

图 11.7

径向力 $\quad F_{2r} = \dfrac{F_{2t}\tan\alpha_n}{\cos\beta_2} = \dfrac{13\ 881\ \text{N}\times\tan 20°}{\cos 12°50'}\text{N} = 5\ 182\ \text{N}$

轴向力 $\quad F_{2a} = F_{2t}\tan\beta_{2n} = 13\ 881\ \text{N}\times\tan 12°50'\ \text{N} = 3\ 161\ \text{N}$

齿轮 3 所受作用力：

切向力 $\quad F_{3t} = \dfrac{2T}{d_3} = \dfrac{2\times 4\ 775\ \text{N}\cdot\text{mm}}{0.17\ \text{mm}} = 56\ 176\ \text{N}$

径向力 $\quad F_{3r} = \dfrac{F_{3t}\tan\alpha_n}{\cos\beta_3} = \dfrac{56\ 176\ \text{N}\times\tan 20°}{\cos 10°29'} = 20\ 795\ \text{N}$

轴向力 $\quad F_{3a} = F_{3t}\tan\beta_3 = 56\ 176\ \text{N}\times\tan 10°29' = 10\ 412\ \text{N}$

计算轴承反力，图 11.7 中下面为轴承 1，上面为轴承 2。

水平面
$$R_{1H} = \dfrac{325F_{3r} - F_{3a}\dfrac{d_3}{2} - 100F_{2r} - F_{2a}\dfrac{d_2}{2}}{470} = 9\ 080\ \text{N}$$

$$R_{2H} = F_{3r} - F_{2r} - R_{1H} = 6\ 533\ \text{N}$$

竖直面
$$R_{1V} = \dfrac{325F_{3t} + 100F_{2t}}{470} = 41\ 799\ \text{N}$$

$$R_{2V} = F_{3t} + F_{2t} - R_{1V} = 28\ 258\ \text{N}$$

计算弯矩，两齿轮与轴连接处截面，有水平面弯矩和垂直面弯矩，得合成弯矩，再考虑扭矩，计算当量弯矩 $M''_e = \sqrt{M''^2 + (\alpha T)^2}$，由当量弯矩校核弯曲和扭转强度。

习题 11.12 某齿轮与轴拟采用平键连接。已知：传递转矩 $T = 2\ 000\ \text{N}\cdot\text{m}$，轴径 $d = 100\ \text{mm}$，轮毂宽度 $B = 150\ \text{mm}$，轴的材料为 45 钢，轮毂材料为铸铁，试选定平键尺寸，并进行强度计算。若强度不足，有何措施。

【解】 由轮毂尺寸选键的型号和确定键的尺寸：普通平键型，键宽 $b = 28\ \text{mm}$，键高 $h = 16\ \text{mm}$，键长 $L = 140\ \text{mm}$。

校核键连接强度：

轮毂材料为铸铁，查得其许用挤压应力 $[\sigma_p] = 50 \sim 60\ \text{MPa}$，普通平键工作长度为

$$l = L - b = 140\ \text{mm} - 28\ \text{mm} = 112\ \text{mm}, \quad k \approx h/2 = 16\ \text{mm}/2 = 8\ \text{mm}$$

由强度公式可得

$$\sigma_\mathrm{p} = \frac{2T}{dkl} = \frac{2\times 2\,000\times 10^3 \text{ N}\cdot\text{mm}}{100 \text{ mm}\times 8 \text{ mm}\times 112 \text{ mm}} = 44.6 \text{ MPa} < [\sigma_\mathrm{p}]$$

可知键连接的挤压强度足够,故选键型号标记为:键 28×140GB/T 1096—2003。

若键的强度不够,可考虑布置双键间隔180°,布置连接,可提高整体的承载能力。

11.5 自 测 题

一、填空题

1. 如将轴类零件按受力方式分类,可将受_____作用的轴称为心轴,受_____作用的轴称为传动轴,受_____作用的轴称为转轴。

2. 一般的轴都需有足够的_____,合理的_____和良好的_____,这就是轴设计的要求。

3. 轴上零件的周向固定常用的方法有_____、_____、_____和_____。

4. 轴上零件的轴向定位和固定,常用的方法有_____、_____、_____和_____。

5. 一般单向回转的转轴,考虑启动、停车及载荷不平衡的影响,其扭转切应力的性质按_____。

6. 受弯矩作用的轴,力作用于轴的中点,当其跨度减少到原来跨度的1/2时,如果其他条件不变,其挠度为原来挠度的_____。

二、计算题

根据图 11.8 中的数据,试确定杠杆心轴的直径 d。已知手柄作用力 $F_1 = 250$ N,尺寸如图 11.8 所示,心轴材料用 45 钢,$[\sigma_{-1}] = 60$ MPa。

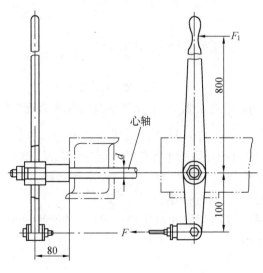

图 11.8

11.6 自测题参考答案

一、填空题

1. 弯矩而不受转矩　转矩而不受弯矩　弯矩和转矩
2. 强度　结构形式　尺寸工艺性能
3. 键　弹性环　销　过盈配合
4. 轴肩或轴环　套筒　圆螺母　轴端挡圈
5. 脉动循环处理
6. 1/8

二、计算题

$800F_1 = 100F$，所以 $F = 8F_1$。

作用于轴的力为

$$F_{总} = F_1 + F = 9F_1 = 9 \times 250 \text{ N} = 2\,250 \text{ N}$$

轴上所受的弯矩为

$$M = F_{总} \times 80 \text{ mm} = 2\,250 \times 80 \text{ N} \cdot \text{mm} = 180\,000 \text{ N} \cdot \text{mm}$$

已知 45 钢的 $[\sigma_{-1}] = 60$ MPa，$W = 0.1 d^3$，所以

$$d \geqslant \sqrt[3]{\frac{M}{0.1[\sigma_{-1}]}} = \sqrt[3]{\frac{180\,000 \text{ N} \cdot \text{mm}}{0.1 \times 60 \text{ MPa}}} = 31.07 \text{ mm}$$

第12章 滚动轴承

12.1 基本要求

（1）掌握滚动轴承组成、特点、典型结构、分类方法及应用范围。
（2）掌握滚动轴承的受力、失效形式、设计准则及选择原则。
（3）掌握滚动轴承寿命计算方法及相关基本概念。
（4）掌握滚动轴承部件设计的基本要求，正确判断常见错误。
（5）了解滚动轴承装拆、预紧、润滑及密封方法。

12.2 重点与难点

12.2.1 重点

（1）滚动轴承的特点、组成、滚动体的分类及保持架的作用。
（2）滚动轴承的代号、分类方法、典型滚动轴承的结构特征及选择原则。
（3）滚动轴承的受力分析、失效形式及其设计准则。
（4）滚动轴承的基本概念：寿命、基本额定寿命、基本额定动载荷、当量动载荷、基本额定静载荷。
（5）滚动轴承的寿命计算（包括：内部轴向力计算、当量动载荷计算及轴承所受轴向载荷计算）。
（6）滚动轴承部件的定义、组成、分类、特点及其适用场合。
（7）滚动轴承部件的常见错误及改进方法。
（8）滚动轴承的装拆、预紧、润滑及密封方法。

12.2.2 难点

1. 依据滚动轴承的工况要求进行轴承类型和轴承部件支承方式的选择

结构设计中滚动轴承的选择主要考虑轴承的承载大小、承载方向、转速高低、调心要求及经济性能。滚动轴承不同的结构特征使其具有不同的性能，相同工况和结构参数下，载荷较大时宜选用滚子轴承，转速较高时宜选用球轴承，支承刚度较小或轴承座孔同心度难于保证时应选用调心轴承。

常用的滚动轴承部件支承方式主要有两端固定式、一端固定一端游动式、两端游动式。其中两端固定式应用最为广泛。一端固定一端游动式主要用于轴承跨距较大，且整个轴系工作中受热将产生较大轴向伸长的结构中；两端游动式主要应用于具有自动复位特性的轴系部件中(如人字齿轮传动)。

需要指出的是采用不同的轴承实现不同的支承方式,其轴承的轴向固定方法各不相同,学习中应依据具体结构熟练掌握。

2. 滚动轴承的类型、特点、代号及类型选择

按国家标准滚动轴承共有10多种基本类型,每种类型的轴承都各自具有不同的结构特点和性能;按其承受载荷的方向或公称接触角 α 的不同,一般可分为向心轴承(只承受径向力或主要承受径向力,$0°<\alpha\leqslant45°$)、推力轴承(只承受或主要承受轴向力,$45°<\alpha\leqslant90°$)两大类;轴承又可根据滚动体的形状分为球轴承和滚子轴承。

滚动轴承类型甚多,其中"6"类深沟球轴承、"N"类圆柱滚子轴承、"7"类角接触球轴承、"3"类圆锥滚子轴承、"5"类推力球轴承,使用最广泛,应为学习重点,并从接触角、承载能力、极限转速和角偏差等方面进行比较,从而加深认识这些轴承的特性。其余几种类型多用于某些特殊场合。如"1"类调心球轴承和"2"类调心滚子轴承用于自动调心,"NA"类滚针轴承用于减小轴承径向尺寸,对其余几类轴承可仅做一般了解。

滚动轴承类型的选择原则:应根据轴承所受载荷大小、方向、转速及轴颈的偏转情况和经济方面等要求,结合不同的轴承类型的特点选用。

3. 滚动轴承的承载能力计算

滚动轴承的承载能力计算是本章的重点内容之一。根据工作条件确定轴承类型后,需进行承载能力的计算,以确定型号。要求能根据主要失效形式引出设计依据,熟练掌握相应的计算方法。

(1) 主要失效形式及相应的计算方法。确定轴承尺寸时,应针对其主要失效形式进行必要的计算。对于转动的滚动轴承,其滚动体和滚道发生疲劳点蚀是其主要失效形式,因而主要是进行寿命计算,必要时再做静强度校核。对于不转动、低速或摆动的轴承,局部塑性变形是其主要失效形式,因而主要是进行静强度计算。对于高速轴承,由发热导致的胶合是其主要失效形式,因而除进行寿命计算外,还应校核极限转速。对于其他失效形式,可通过正确的润滑和密封、正确的操作与维护来解决。

(2) 寿命计算。应掌握的基本概念:寿命、基本额定寿命、基本额定动负荷、当量动载荷、内部轴向力、基本额定静负荷。

① 寿命计算公式

$$L_h = \frac{10^6}{60n}\left(\frac{f_t \cdot C}{f_p \cdot P}\right)^n$$

a. 校核计算:对于选定的轴承,应满足 $L_h \geqslant L_h'$。L_h' 为轴承的预期寿命;

b. 选型号计算:$C' = \frac{f_p P}{f_t}\sqrt{\frac{60nL_B'}{10^6}}$,应满足 $C \geqslant C'$ (C' 为计算的基本额定动负荷)。

② 当量动载荷的计算

$$P = XF_r + YF_a$$

应掌握 X、Y、e 值的概念,并会查表确定 X、Y。径向系数 X 和轴向系数 Y 分别反映径向载荷 F_r 和轴向载荷 F_a 的影响程度。e 值是一个界限值,用来判断是否考虑轴向载荷 F_a 的影响。

③ 内部轴向力 S。角接触轴承当承受径向载荷 F_r 时,由于接触角 α 的影响,作用在各滚动体上的法向力可分解为径向分力和轴向分力,各滚动体上轴向分力的合力,即为轴承的内部轴向力 S。内部轴向力 S 的大小按近似公式计算,其方向为从外圈的宽边指向窄边。

④ 角接触轴承的轴向载荷 F_a。在计算角接触轴承的轴向载荷时,必须考虑内部轴向力 S 的影响。轴承的轴向载荷与轴承部件的结构,尤其是与固定方式密切相关。轴承的轴向载荷可根据分离体的轴向力平衡条件确定,阻止分离体做轴向移动的轴承的轴向载荷,为轴向外载荷与另一个轴承的内部轴向力的合力,而另一个轴承的轴向载荷为其自身的内部轴向力。

(3) 静负荷计算。主要掌握:在什么情况下进行静负荷计算,主要失效形式,静强度校核计算。静负荷计算的实质是控制塑性变形量。

(4) 极限转速。主要掌握:在什么情况下进行极限转速计算,失效形式。极限转速计算的实质是控制摩擦发热。

提高轴承精度、选用较大的游隙、改用青铜等减摩材料做保持架、改善润滑和冷却措施等,能使极限转速提高 1.5~2 倍;还可以从减小滚动体的质量和回转半径两方面采取措施,如选用滚动体直径小的轻系列轴承或空心滚动轴承等。

4. 滚动轴承的组合设计

滚动轴承的组合设计是本章的重点内容之一,也是本课程在结构设计方面的主要内容,在学习时不仅要掌握有关轴承组合设计的基本知识,而且要加强实践环节,例如,拆装减速器实验对结构设计的学习非常有益。教材中提出了轴承组合设计应考虑的几个原则问题,应结合本章例题和结构改错习题,以掌握轴承组合设计的内容。

(1) 轴承部件的轴向固定。为保证传动件在工作中处于正确位置,轴承部件应准确定位并可靠地固定在机体上。设计合理的轴承部件,应保证把作用于传动件上的轴向力传递到机体上,不允许轴及轴上零件产生轴向移动。轴承部件的轴向固定方式主要有以下三种:

a. 两端固定支承。轴上每个支承限制轴的一个方向的移动,两个支承合起来限制轴的两个方向的运动。两端固定支承适用于工作温度变化不大、两支点间跨距不大于 300 mm 的短轴。

b. 一端固定、一端游动支承。固定支承限制轴的两个方向的移动,而游动支撑允许轴因温度变化引起的热伸缩,即自由游动。一端固定、一端游动的支承主要用于工作温度变化大,且两支点间跨距大的长轴。

c. 两端游动支承。对于人字齿轮传动,通常大齿轮轴承部件采用两端固定支承,小齿轮轴承部件采用两端游动支承,便于小齿轮轴承部件沿轴向游动,以防止齿轮卡死或两侧轮齿受力不均。

(2) 滚动轴承的配合。滚动轴承是标准件,轴承外圈的外圆柱面为基准轴,与轴承座孔的配合采用基轴制。轴承内圈的孔为基准孔,与轴的配合采用基孔制。但应注意轴承内圈孔的公差带在零线以下,所以同一种配合较标准基孔制配合要紧。

在选择轴承配合种类时,对于转速高、载荷大、温度高、有振动的轴承,应选用较紧的配合,而对于经常拆卸的轴承或游动支承的外圈,则应选用较松的配合。

一般来说,当外载荷方向固定不变时,内圈随轴一起转动,内圈与轴的配合应选紧一些的有过盈的过渡配合;而当装在轴承座孔中的外圈静止不转时,外圈滚道半圈受载,外圈与轴承座孔的配合常选用较松的过渡配合,以使外圈做极缓慢的转动,从而使受载区域有所变动,发挥非承载区的作用,延长轴承的寿命。

12.3 典型范例解析

例 12.1 某轴系部件采用一对 7208AC 滚动轴承支承,如图 12.1 所示。已知作用于轴承上的径向载荷 $F_{r1}=1\,000\text{ N}$,$F_{r2}=2\,060\text{ N}$,作用于轴上的轴间载荷 $F_A=880\text{ N}$,轴承内部轴力 F_S 与径向载荷 F_r 的关系为 $F_S=0.68F_r$。试求轴承轴向载荷 F_{a1} 和 F_{a2}。

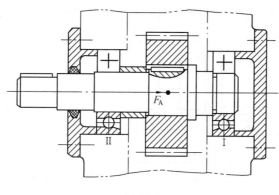

图 12.1

【**解**】 轴承的内部轴向力
$$F_{S1}=0.68,\quad F_{r1}=0.68\times1\,000\text{ N}=680\text{ N}$$
方向如图 12.2 所示,向左。
$$F_{S2}=0.68,\quad F_{r2}=0.68\times2\,060\text{ N}=1\,400\text{ N}$$
方向如图 12.2 所示,向右。

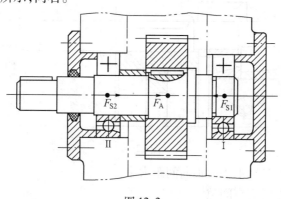

图 12.2

因为 $F_{S2}+F_A=1\,400\text{ N}+880\text{ N}=2\,280\text{ N}>F_{S1}$
所以轴承 1 为压紧端,轴承 2 为放松端,故

$$F_{a1} = F_{S2} + F_A = 2\ 280\ \text{N}$$
$$F_{a2} = F_{S2} = 1\ 400\ \text{N}$$

例 12.2 已知 7208AC 轴承的转速 $n = 5\ 000\ \text{r} \cdot \text{min}^{-1}$,当量动载荷 $P = 2\ 394\ \text{N}$,载荷平稳,工作温度正常,径向基本额定动载荷 $C_r = 35\ 200\ \text{N}$,预期寿命 $L'_h = 8\ 000\ \text{h}$,试校核该轴承的寿命。

【解】 因为载荷平稳,所以 $f_p = 1$。

因为工作温度正常,所以 $f_t = 1$。

轴承寿命

$$L_h = \frac{10^6}{60n}\left(\frac{Cf_t}{Pf_p}\right)^\varepsilon = \frac{10^6}{60 \times 5\ 000\ \text{r} \cdot \text{min}^{-1}} \times \left(\frac{1 \times 35\ 200\ \text{r} \cdot \text{min}^{-1}}{1 \times 2\ 394\ \text{N}}\right)^3 = 10\ 596\ \text{h} > 8\ 000\ \text{h}$$

故满足要求。

例 12.3 指出图 12.3 中的结构错误(在有错处画○编号,并分析错误原因),并在轴心线下侧画出其正确结构图。

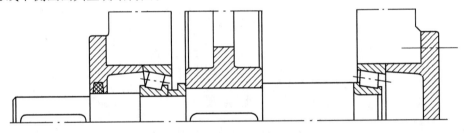

图 12.3

【解】 画出的正确结构图如图 12.4 所示。

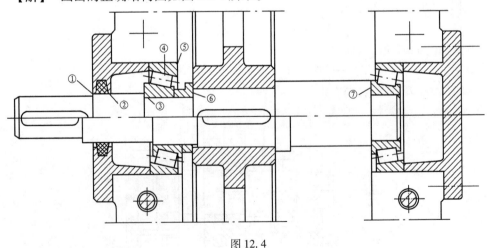

图 12.4

① 固定轴肩端面与轴承盖的轴向间距太小。

② 轴承盖与轴之间应有间隙。

③ 轴承内环和套筒装不上,也拆不下来。

④ 轴承安装方向不对。

⑤ 轴承外环内与壳体内壁间应有 5~8 mm 间距。
⑥ 与轮毂相配的轴段长度应小于轮毂长。
⑦ 轴承内环拆不下来。

例 12.4 指出图 12.5 中的结构错误(在有错处画○编号),并在另一侧画出其正确结构图。(齿轮油润滑,轴承脂润滑)

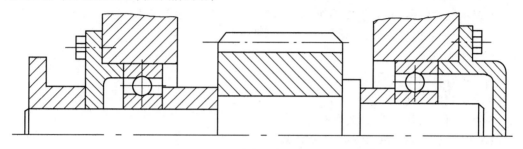

图 12.5

【解】 正确结构图如图 12.6 所示。

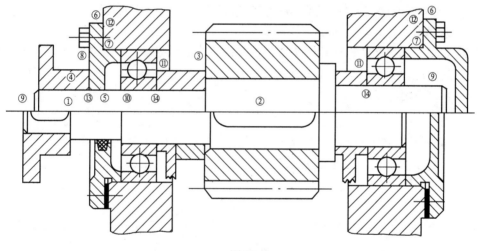

图 12.6

12.4 习题与思考题解答

习题 12.1 说明下列滚动轴承代号的意义:N208/P5;7312C;6101;38321;5207

【答】 (1) N208/P5。
N 表示圆柱滚子轴承;
2 表示尺寸系列(0)2:宽度系列(0)省略,直径系列 2,为轻窄系列;
08 表示轴承内径 $d = 8 \text{ mm} \times 5 = 40 \text{ mm}$;
P5 表示公差等级为 5 级。
(2) 7312C。
7 表示角接触球轴承;

3 表示尺寸系列(0)3:宽度系列(0)省略,直径系列3,为轻中系列;

12 表示轴承内径 $d = 12$ mm×5 = 60 mm;

C 表示公称接触角 $\alpha = 15°$。

(3) 6101。

6 表示深沟球轴承;

1 表示尺寸系列(0)1:宽度系列(0)省略,直径系列1,为轻系列。

01 表示轴承内径 $d = 12$ mm。

(4) 38310。

3 表示圆锥滚子轴承;

8 表示宽度系列;

3 表示直径系列3,为中系列;

10 表示轴承内径 $d = 10$ mm×5 = 50 mm。

(5) 5207。

5 表示推力球轴承;

2 表示尺寸系列(0)2:宽度系列(0)省略,直径系列2,为轻窄系列;

07 表示轴承内径 $d = 7$ mm×5 = 35 mm。

习题 12.2 如果圆锥齿轮用两个圆锥滚子轴承 30208 支承(图 12.7),可采用两种轴承布置方案((a)面对面;(b)背对背),你认为哪种方案比较好(只从刚度和强度角度出发讨论),并做简要说明。

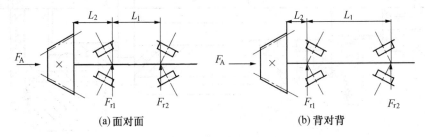

图 12.7

【答】 (a)方案好。

因为(a)方案的压力中心向外,故其强度和刚度较好。

习题 12.3 根据工作条件,某机器传动装置中,轴的两端各采用一个深沟球轴承,轴径为 $d = 35$ mm,轴的转速 $n = 2\,000$ r·min^{-1},每个轴承径向载荷 $F_r = 2\,000$ N,一般温度下工作,载荷平稳,预期寿命 $L_h = 8\,000$ h,试选用轴承。

【解】 (1) 初选轴承型号。根据已知条件,因深沟球轴承的轴径为 $d = 35$ mm,则其型号初选为 6207,由轴承手册查得 $C_r = 19.8$ kN,$C_{0r} = 13.5$ kN。

(2) 计算当量动载荷。根据深沟球轴承的特点,主要用以承受径向载荷,也可以承受一定的轴向载荷。因题目中未给出轴向力 F_a 值,故认为 $F_a = 0$,于是当量动载荷 $p = F_r = 2\,000$ N。

(3) 校核轴承寿命。

轴承寿命为

$$L_{10h} = \frac{10^6}{60n}\left(\frac{f_tC}{p}\right)^\varepsilon$$

因轴承在一般温度下工作,故 $f_t=1$,轴承为深沟球轴承 $\varepsilon=3$,故

$$L_{10h} = \frac{10^6}{60\times 2\,000\text{ r}\cdot\text{min}^{-1}}\times\left(\frac{19\,800}{2\,000}\right)^3 = 8\,085.825\text{ h} > 8\,000\text{ h}$$

满足要求,故选用 6207 型号轴承。

习题 12.4 一齿轮轴为主动轴,由一对 30206 轴承支承,如图 12.8 所示,支点间的跨距为 200 mm,齿轮位于两支点中央。已知齿轮模数 $m_n=2.5$ mm,齿数 $z_1=17$(主动轮),螺旋角 $\beta=16.5°$,传递功率 $p=2.6$ kW,齿轮轴转速 $n=384$ r·min^{-1},取 $f_p=1.5$,$f_t=1$,试求该轴承基本额定寿命。

【解】 (1) 齿轮受力

$$F_t = 2T/d = 2\times 9.55\times 10^6\times 2.6\text{ kW}/(2.5\text{ mm}\times 17\times 384\text{ r}\cdot\text{min}^{-1}) = 3\,042.89\text{ N}$$

$$(T=9.55\times 10^6\times P/n)\quad (d=mz)$$

$$F_r = F_t\tan\alpha_n/\cos\beta = 2T\tan\alpha_n/\cos\beta =$$
$$2\times 9.55\times 10^6\times 2.6\text{ kW}\times\tan 20°/(384\text{ r}\cdot\text{min}^{-1}\times 2.5\text{ mm}\times 17\times\cos 16.5°) =$$
$$1\,155.089\text{ N}$$

$$F_a = F_t\tan\beta = 2T\tan\beta/d = 2\times 9.55\times 10^6\times 2.6\text{ kW}\times\tan 16.5°/(384\text{ r}\cdot\text{min}^{-1}\times 2.5\text{ mm}\times 17) = 901.35\text{ N}$$

(2) 于是轴承受径向力

$$F_{r1V} = \frac{F_r\times 100\text{ mm}-F_a\times\frac{d}{2}}{100\text{ mm}+100\text{ mm}} = \frac{1\,155.089\text{ N}\times 100\text{ mm}-901.35\text{ N}\times\frac{2.5\text{ mm}\times 17}{2}}{200\text{ mm}} = 481.78\text{ N}$$

$$F_{r2V} = F_r - F_{r1V} = 1\,155.089\text{ N} - 481.78\text{ N} = 673.309\text{ N}$$

$$F_{r1H} = F_{r2H} = \frac{1}{2}\times F_t = \frac{1}{2}\times 3\,042.89\text{ N} = 1\,521.45\text{ N}$$

故

$$F_{r1} = \sqrt{F_{r1V}^2+F_{r1H}^2} = \sqrt{(481.78\text{ N})^2+(1\,521.45\text{ N})^2} = 1\,595.91\text{ N}$$

$$F_{r2} = \sqrt{F_{r2V}^2+F_{r2H}^2} = \sqrt{(673.309\text{ N})^2+(1\,521.45\text{ N})^2} = 1\,663.78\text{ N}$$

(3) 由手册查得 30206 型轴承 $C_r=41.2$ kN,$e\approx 0.37$,$Y=1.6$。

(4) 计算轴承轴向载荷。先计算轴承内部轴向力

$$S_1 = \frac{F_{r1}}{2Y} = 1\,595.91\text{ N}/(2\times 1.6) = 498.72\text{ N}$$

$$S_2 = \frac{F_{r2}}{2Y} = \frac{1\,663.78\text{ N}}{2\times 1.6} = 519.93\text{ N}$$

因为 $S_2+F_a = 519.93\text{ N}+901.35\text{ N} = 1421.28\text{ N} > 507.93\text{ N}$

所以 $F_{a1} = S_2+F_a = 1421.28\text{ N}$,$F_{a2} = S_2 = 519.93\text{ N}$

(5) 计算轴承的当量动载荷。对于轴承 1

$$F_{a1}/F_{r1} = 1\,421.28\text{ N}/1\,595.91\text{ N} = 0.89 > e = 0.37$$

由教材表 12.7 查得 $X=0.4$,故当量动载荷 P_{r1} 为

$$P_{r1} = f_p(XF_{r1} + YF_{a1}) = 1.5 \times (0.4 \times 1\,595.91\ \text{N} + 1.6 \times 1\,421.28\ \text{N}) = 4\,368.62\ \text{N}$$

对于轴承 2

$$F_{a2}/F_{r2} = 519.93\ \text{N}/1\,663.78\ \text{N} = 0.31 < e = 0.37$$

由教材表 12.7 查得 $X=1$,则当量动载荷 P_{r2} 为

$$P_{r2} = f_p(XF_{r2} + YF_{a2}) = 1.5 \times (1 \times 1\,663.78\ \text{N} + 1.6 \times 519.93\ \text{N}) = 3\,743.50\ \text{N}$$

(6) 计算轴承寿命。由于 $P_{r1} > P_{r2}$,故按 P_{r1} 计算,因 $f_t = 1$,所以

$$L_{10h}/h = \frac{10^6}{60n}\left(\frac{f_tC}{p}\right)^{\frac{10}{3}} = \frac{10^6}{60 \times 384\ \text{r} \cdot \text{min}^{-1}} \times \left(\frac{41\,200\ \text{kN}}{4\,368.82\ \text{N}}\right)^{\frac{10}{3}} = 76\,906.15\ \text{h} \approx 76\,906\ \text{h}$$

故 $L_{10h} = 76\,906\ \text{h}$。

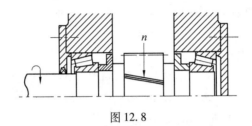

图 12.8

习题 12.5 改错题,指出图 12.9 所示轴系部件中的结构错误。

① 轴肩高度高于轴承内圈;
② 平键太长;
③ 定位套高度高于轴承内圈;
④ 应有轴肩,便于轴承周向定位;
⑤ 联轴器也应有轴肩;
⑥ 应节省材料。

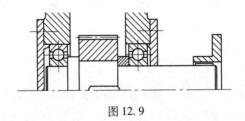

图 12.9

12.5 自 测 题

一、选择题

1. 滚动轴承基本代号左起第一位为____。
   A. 类型代号 B. 宽度系列代号
   C. 直径系列代号 D. 内径代号

2. 滚动轴承基本代号左起第二位为____。
   A. 内径代号 B. 直径系列代号
   C. 宽度系列代号 D. 类型代号

3. 滚动轴承基本代号左起第三位为____。
 A. 宽度系列代号   B. 直径系列代号
 C. 类型代号   D. 内径代号
4. 滚动轴承基本代号左起第四、五位为____。
 A. 类型代号   B. 内径代号
 C. 直径系列代号   D. 宽度系列代号
5. 当转速很高、只受轴向载荷时,宜选用____。
 A. 推力圆柱滚子轴承   B. 推力球轴承
 C. 深沟球轴承   D. 圆锥滚子轴承
6. 当转速低、只受径向载荷、要求径向尺寸小时,宜选用____。
 A. 圆柱滚子轴承   B. 滚针轴承
 C. 深沟球轴承   D. 调心球轴承
7. 当转速较低、同时受径向载荷和轴向载荷、要求便于安装时,宜选用____。
 A. 深沟球轴承   B. 圆锥滚子轴承
 C. 角接触球轴承   D. 调心滚子轴承
8. 当转速较高、径向载荷和轴向载荷都较大时,宜选用____。
 A. 圆锥滚子轴承   B. 角接触球轴承
 C. 深沟球轴承   D. 调心球轴承
9. 当同时受径向载荷和轴向载荷、径向载荷很大、轴向载荷很小时,宜选用____。
 A. 角接触球轴承   B. 圆锥滚子轴承
 C. 调心球轴承   D. 深沟球轴承
10. 轴承转动时,滚动体和滚道受____。
 A. 按对称循环变化的接触应力   B. 按脉动循环变化的接触应力
 C. 按对称循环变化的弯曲应力   D. 按脉动循环变化的弯曲应力
11. 中等转速载荷平稳的滚动轴承正常失效形式为____。
 A. 磨损   B. 胶合
 C. 疲劳点蚀   D. 永久变形

二、填空题
1. 滚动轴承的主要失效形式有_____和_____。
2. 向心角接触轴承的结构特点是_____。
3. 润滑的主要目的是_____和_____。
4. 密封的目的是_____,并且_____。
5. 滚动轴承的密封方法可分为两大类:_____和_____。
6. 滚动体与内外圈的材料应具有_____、_____、_____和_____。
7. 轴承接触角越大,承受_____的能力也越大。
8. 由于转动的滚动轴承的主要失效形式是_____,因而设计时主要是进行_____计算。
9. 轴承转动时,滚动体和滚道受_____循环变化的_____应力。

三、简答题

1. 在进行轴承的组合设计时,要解决哪些问题?
2. 什么是轴承的两端固定方式?
3. 什么是轴承组合设计中的一端固定、一端游动方式?
4. 轴承组合设计的一端固定、一端游动方式适用于什么场合?为什么?
5. 轴承的两端固定方式适用于什么场合?为什么?如何保障?
6. 滚动轴承润滑的目的是什么?
7. 角接触球轴承和圆锥滚子轴承常成对使用,为什么?
8. 滚动轴承的类型选择应考虑哪些主要因素?
9. 滚动轴承的主要失效形式有哪些?其计算准则是什么?

四、结构题

试完成图 12.9 中的轴承组合。

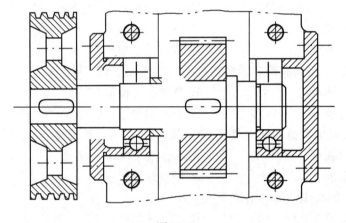

图 12.9

12.6 自测题参考答案

一、单选择

1. A 2. C 3. B 4. B 5. C 6. B 7. B 8. B 9. D 10. B 11. C

二、填空题

1. 疲劳破坏　永久变形
2. 在滚动体与滚道接触处存在着接触角,公称接触角为 $0° < \alpha \leqslant 45°$
3. 减小摩擦　减轻磨损
4. 防止灰尘、水分等进入轴承　阻止润滑剂的流失
5. 接触式密封　非接触式密封
6. 高的硬度　高的接触疲劳强度　良好的耐磨性　良好的冲击韧性
7. 轴向载荷
8. 疲劳点蚀　寿命

9. 脉动　接触

三、问答题

1. 在进行轴承的组合设计时,要解决的问题有:① 轴承的轴向固定;② 轴承的配合;③ 调整;④ 轴承的装拆;⑤ 润滑与密封。

2. 在轴的两个支点中,每个支点各限制轴的单向移动,两个支点合起来能限制轴的双向移动,就是轴承的两端固定方式。

3. 这种固定方式是对一个支点进行双向固定以承受双向轴向力,而另一个支点可做轴向自由游动。

4. 适用于工作温度变化较大的长轴。因工作温度变化较大的长轴的伸长量较大,故需要游动支点。

5. 适用于工作温度变化不大的短轴。因轴的伸长量较小,可用预留热补偿间隙的方法补偿轴的热伸长。

6. 滚动轴承润滑的主要目的是减小摩擦与减轻磨损,若在滚动接触处能部分形成油膜,还能吸收振动,降低工作温度和噪声。

7. 由于结构特点,角接触球轴承和圆锥滚子轴承在承受径向载荷时会产生内部轴向力,为使其内部轴向力得到平衡,以免轴串动,通常这种轴承都要成对使用,对称安装。

8. 滚动轴承的类型选择应考虑如下主要因素:

(1) 载荷条件。

(2) 转速条件。

(3) 装调性能。

(4) 调心性能。

(5) 经济性。

9. 滚动轴承的失效形式主要有三种:疲劳点蚀、塑性变形和磨损。

计算准则为:

(1) 对于一般转速的轴承,即 $10 \text{ r} \cdot \text{min}^{-1} < n < n_{\text{lim}}$,如果轴承的制造、保管、安装、使用等条件均良好时,轴承的主要失效形式为疲劳点蚀,因此应以疲劳强度计算为依据进行轴承的寿命计算。

(2) 对于高速轴承,除疲劳点蚀外其工作表面的过热而导致的轴承失效也是重要的失效形式,因此除需进行寿命计算外,还应校验其极限转速。

(3) 对于低速轴承,即 $n < 1 \text{ r} \cdot \text{min}^{-1}$,可近似地认为轴承各元件是在静应力作用下工作的,其失效形式为塑性变形,应进行以不发生塑性变形为准则的静强度计算。

四、结构题

完成的轴承组合如图 12.10 所示。

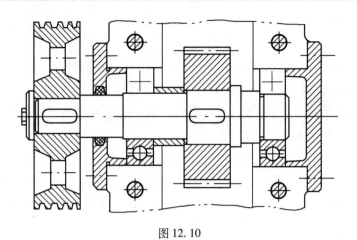

图 12.10

第 13 章 滑动轴承

13.1 基本要求

（1）了解各类摩擦的机理、特性及其影响因素，了解流体动压润滑的基本原理。
（2）了解滑动轴承采用的润滑剂与润滑装置。
（3）了解滑动轴承的类型、特点及应用。
（4）掌握各类滑动轴承的结构特点。
（5）了解对轴瓦材料的基本要求和常用轴瓦材料。
（6）掌握非液体摩擦轴承的设计计算。

13.2 重点与难点

13.2.1 重 点

（1）摩擦的分类、特性及其影响因素。
（2）流体动力润滑的基本知识及形成液体动压润滑的必要条件。
（3）轴瓦材料及其应用。
（4）非液体摩擦滑动轴承的设计准则与方法。

13.2.2 难 点

1. 轴瓦材料及其应用

对轴瓦材料性能的要求：具有良好的减摩性、耐磨性和胶黏性；具有良好的摩擦顺应性、嵌入性和磨合性；具有足够的强度和抗腐蚀的能力和良好的导热性、工艺性、经济性等。

常用轴瓦材料：金属材料、多孔质金属材料和非金属材料。其中常用的金属材料为轴承合金、铜合金、铸铁等。

2. 非液体摩擦滑动轴承的设计计算

对于在工作要求不高、转速较低、载荷不大、难于维护等条件下工作的滑动轴承，往往设计成非液体摩擦滑动轴承。这些轴承常采用润滑脂、油绳或滴油润滑，由于轴承得不到足够的润滑剂，故无法形成完全的承载油膜，工作状态为边界润滑或混合摩擦润滑。

非液体摩擦轴承的承载能力和使用寿命取决于轴承材料的减摩耐磨性、机械强度以及边界膜的强度。这种轴承的主要失效形式是磨料磨损和胶合；在变载荷作用下，轴承还可能发生疲劳破坏。

因此，非液体摩擦滑动轴承可靠工作的最低要求是确保边界润滑油膜不遭到破坏。为了保证这个条件，设计计算准则必须要求：

$$p \leqslant [p], \quad pv \leqslant [pv], \quad v \leqslant [v]$$

限制轴承的压强 p，是为了保证润滑油不被过大的压力挤出，使轴瓦产生过度磨损；限制轴承的 pv 值，是为了限制轴承的温升，从而保证油膜不破裂，因为 pv 值是与摩擦功率损耗成正比的；在 p 及 pv 值经验算都符合要求的情况下，由于轴发生弯曲或不同心等引起轴承边缘局部压强相当高，当滑动速度高时，局部区域的 pv 值可能超出许用值，所以在 p 较小的情况下还应该限制轴颈的圆周速度 v。

3. 液体动力润滑径向滑动轴承

液体动力润滑的基本方程和形成液体动力润滑（即形成动压油膜）的条件必须掌握，这里不再累述。

径向滑动轴承形成动压油膜的过程可分为三个阶段：

（1）启动前阶段，如图13.1(a)所示；

（2）启动阶段，如图13.1(b)所示；

（3）液体动力润滑阶段，如图13.1(c)所示。

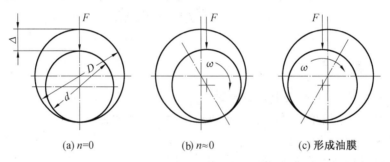

图 13.1　径向滑动轴承形成液体动力润滑的过程

对于这一形成过程应掌握如下要点：

（1）从轴颈开始转动到轴颈中心达到静态平衡点的过程分析；

（2）影响轴颈静态平衡点位置的主要因素有外载荷 F、润滑油黏度 η 和轴颈转速 n。当外载荷 F、润滑油黏度 η 和轴颈转速 n 发生变化时，轴心的位置也将随之改变。

13.3　典型范例解析

例 13.1　滑动轴承有何特点，它适用于何种场合？

解　滑动轴承按运动情况分两类，应分别介绍。

（1）非液体摩擦滑动轴承的特点是：结构简单、成本低、摩擦因数大、磨损大、效率低，适用于低速、轻载、不重要的机械，如手动机械、农业机械等。

（2）液体摩擦滑动轴承的特点是：摩擦因数小、效率高、工作平稳、可减振缓冲，适用于高速、重载、高精度的机械，如水轮机、汽轮机、大中型发电机、内燃机、轧钢机等；但设计、制造、调整和维护要求高，成本高。

【讨论】 这里必须强调,滑动轴承分两类,它们的特点和应用场合是完全不同的。

例 13.2 试介绍剖分式径向滑动轴承的典型结构、特点和应用。

【解】 剖分式径向滑动轴承是最常用的基本结构形式,如图 13.2 所示,它由轴瓦、轴承盖、轴承座、螺柱及螺母组成。由于瓦为两半,装卸轴较方便。增、减剖分面间的调整垫片厚度,可调整轴承的间隙,以利于形成油膜;轴瓦上的止口是为了对中。润滑油从盖上的油孔注入,此种轴承不易形成完全的流体摩擦。

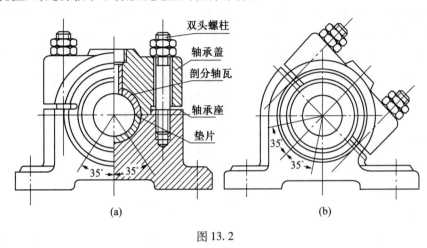

图 13.2

【讨论】 要重视结构问题。剖分瓦的目的在于装卸轴方便,且可调整间隙。瓦上的止口又保证了对中。

13.4 习题与思考题解答

习题 13.1 根据润滑状况的不同,摩擦可以分为几种形态?

【答】 根据摩擦表面间存在润滑剂的情况,可将摩擦表面的摩擦分为干摩擦、边界摩擦(边界润滑)、混合摩擦(混合润滑)及流体摩擦(流体润滑)。其中边界摩擦和混合摩擦也称非流体摩擦。

习题 13.2 按磨损机理分,磨损有几种形式?

【答】 根据磨损机理来分类,有黏着磨损、磨料摩擦、疲劳磨损和腐蚀磨损。

习题 13.3 什么是润滑油的油性和黏度?

【答】 黏度是表示润滑油黏性的指标,即流体抵抗变形的能力,它表征油层间内摩擦阻力的大小。黏度的表示方法有:动力黏度、运动黏度和条件黏度。

油性是指润滑油在金属表面上的吸附能力。油性好的润滑油,其油膜吸附力大且不易破。

习题 13.4 滑动轴承有哪些主要类型?其结构特点是什么?

【答】 滑动轴承按所受载荷的方向分为径向滑动轴承和推力滑动轴承。径向滑动轴承被用来承受径向载荷。径向滑动轴承的结构形式主要有整体式和剖分式两大类。

推力滑动轴承用来承受轴向载荷。为避免工作面上压强严重不均的现象,通常设计成空心轴颈,采用环状端面。当载荷较大时,可采用多环轴颈,这种结构的轴承能承受双向载荷。

习题 13.5 流体动压力是怎样形成的?具备哪些条件才能形成流体动压润滑?

【答】 形成动压油膜的必要条件是:

(1) 相对滑动表面之间必须形成收敛形间隙(通称油楔);

(2) 要有一定的相对滑动速度,并使润滑油从大口流入,从小口流出;

(3) 间隙间要充满具有一定黏度的润滑油。

习题 13.6 混合摩擦向心滑动轴承,轴颈直径 $d=100$ mm,轴承宽度 $B=120$ mm,轴承承受径向载荷 $F_r=150\,000$ N,轴的转速 $n=200$ r·min^{-1},轴承材料为淬火钢,设选用轴瓦材料为 ZCuPb5Sn5Zn5,试进行轴承的校核设计计算,看轴瓦选用是否合适。

【答】 由机械设计手册查得轴瓦材料 ZCuPb5Sn5Zn5 的许用值为

$$[p]=8 \text{ MPa}, \quad [v]=3 \text{ m·s}^{-1}, \quad [pv]=10 \text{ MPa·m·s}^{-1}$$

校核轴承的使用条件。已知载荷 $F_r=150\,000$ N,轴的转速 $n=200$ r·min^{-1},则

$$p=\frac{F_r}{Ld}=\frac{150\,000 \text{ N}}{100 \text{ mm}\times 120 \text{ r·min}^{-1}}=12.5 \text{ MPa}>[p]=8 \text{ MPa}$$

$$v=\frac{\pi dn}{60\times 1\,000}=\frac{3.14\times 100 \text{ mm}\times 200 \text{ r·min}^{-1}}{60\,000}=1.05 \text{ m·s}^{-1}<[v]=3 \text{ m·s}^{-1}$$

$$pv=12.5 \text{ MPa}\times 1.05=13.125 \text{ MPa·m·s}^{-1}>[pv]=10 \text{ MPa·m·s}^{-1}$$

由此可知,该轴瓦不满足使用要求。

13.5 自 测 题

一、单项选择题

1. 滑动轴承计算中限制 pv 值是考虑限制轴承的_____。
   A. 磨损　　　B. 发热　　　C. 胶合　　　D. 塑性变形

2. 当计算滑动轴承时,若 h_{min} 太小,不能满足 $h_{min}>[h_{min}]$ 时,_____可满足此条件。
   A. 提高轴瓦和轴颈的光洁程度　　B. 减小长径比 L/d　　C. 减小相对间隙 Ψ

二、问答题

1. 比较滑动轴承与滚动轴承的特点和应用场合。
2. 试介绍滑动轴承的润滑方法。
3. 轴瓦上开设油孔和油沟的原则是什么?
4. 当计算滑动轴承时,若温升过高,可采取什么措施使温升降低?

13.6 自测题参考答案

一、单项选择题

1. B　2. A

二、问答题

1. 笼统地说,滑动轴承多用于两种极端情况:一是不常运转或低速、轻载、不重要的情

况,如手动机械和简单的农业机械等,可用非液体滑动轴承,因为它结构简单、成本低、摩擦大、效率低。另一种情况是高速、重载、高精度的重要机械,如水轮机、汽轮机、内燃机、轧钢机、电机等,常采用液体摩擦滑动轴承,因为它摩擦小、效率高、承载能力大、工作平稳、能减振缓冲,但设计、制造、调整、维护要求高、成本高。滚动轴承多用于一般机械。

2. 滑动轴承的润滑方法分两类:① 间歇性给油。定期用油枪或油壶向轴承上的各种油嘴、油杯和注油器注油。② 连续性给油。用针阀式油杯、油绳式(或灯芯式)油杯等只能小量连续供油;采用油泵、浸入油池等方式,可大量供油,不仅保证了润滑,而且还能靠油带走热量,实现降温。

3. 油孔和油沟不得开在轴瓦的承载区,以免降低油膜的承载能力。油沟的轴向长度应比轴瓦的长度短,不能沿轴向完全开通到轴瓦端部,以免润滑油从轴瓦两端大量泄漏流失,影响承载能力。

4. 可采取以下措施使温升降低:增加散热面积;使轴承周围通风良好;采用水冷油或水冷瓦;采用压力供油,增大油流量;改大相对间隙;换用黏度小的油;减少瓦长等。

第 14 章　联轴器、离合器和制动器

14.1　基本要求

（1）联轴器的功用与分类：常用联轴器的结构、工作原理、特点及其选择与计算方法。
（2）离合器的功用与分类：常用离合器的结构、工作原理、特点及其选择与计算方法。
（3）制动器的功用与分类：常用制动器的工作原理。

14.2　重点与难点

各类常用联轴器、离合器和制动器的结构、工作原理、特点及选用。
联轴器和离合器主要用作轴与轴之间的连接，以传递运动和转矩。
联轴器必须在机器停止后，经过装拆才能使两轴结合或分离。
离合器在机器工作中可随时使两轴结合或分离。
制动器是用来迫使机器迅速停止运转或减小机器运转速度的机械装置，联轴器和离合器的类型很多，其中常用的已经标准化。
在设计时，先根据工作条件和要求选择合适的类型，然后按轴的直径 d、转速 n 和计算转矩 T_c，从标准中选择所需要的型号和尺寸。必要时对少数关键零件做校核和计算。

14.3　典型范例解析

例 14.1　电动机与齿轮减速器之间用联轴器相连，已知电动机输出功率 $P = 4$ kW，转速 $n_m = 1\ 440$ r·min^{-1}，电动机外伸轴直径 $d_电 = 32$ mm，减速器输入轴直径 $d = 28$ mm，试选择联轴器的类型及型号。

【解】　因为电动机的转速较高，要求所选的联轴器应具有吸收振动和缓解冲击的能力，而且能补偿两轴间的相对位移，因此选用弹性柱销联轴器。

选载荷系数 $K = 1.5$，则计算转矩

$$T_c = KT = 1.5 \times 9\ 550 \times \frac{P}{n_m} = 1.5 \times 9\ 550 \times \frac{4\ \text{kW}}{1\ 440\ \text{r·min}^{-1}} = 39.8\ \text{N·m}$$

又因 $d_电 = 32$ mm，$d = 28$ mm，查设计手册，选用 LX2 型弹性柱销联轴器。

14.4　习题与思考题解答

习题 14.1　叙述联轴器有哪些种类，并说明其特点及应用。

第 14 章 联轴器、离合器和制动器

【答】 常用联轴器分为刚性联轴器和挠性联轴器。

（1）刚性联轴器由刚性零件组成，无缓冲减振能力，适用于无冲击、被连接的两轴中心线对中要求较高的场合。常用刚性联轴器见表 14.1。

表 14.1　常用刚性联轴器

名　称	特 点 及 应 用
套筒联轴器	结构简单，制造容易，径向尺寸最小，但要求两轴安装精度高，装拆时需做轴向移动。用于低速、轻载、经常正反转，且要求两轴对中好、工作平稳无冲击载荷的场合
夹壳联轴器	装拆方便，无补偿性能，适用于低速传动、水平轴或垂直轴的连接
凸缘联轴器	结构简单，成本低，无补偿性能，不能缓冲减振，对两轴安装精度要求较高。用于振动很小的工况条件，连接中、高速和刚性不大的且要求对中性较高的两轴

（2）挠性联轴器又分为无弹性元件、金属弹性元件、非金属弹性元件几种类型。

无弹性元件的挠性联轴器是利用它的组成元件间构成的动连接具有某一方向或几个方向的活动度来补偿两轴相对位移的。因无弹性元件，这类联轴器不能缓冲减震。常用的无弹性元件的挠性联轴器见表 14.2。

表 14.2　常用无弹性元件的挠性联轴器

名　称	特 点 及 应 用
十字滑块联轴器	结构简单，径向尺寸小。可补偿较大的径向位移，但中间圆盘工作时，作用有离心力，而且榫与槽间有磨损。主要用于轴间径向位移较大的低速传动
齿式联轴器	承载能力大，工作可靠，补偿综合位移的能力强，安装精度要求低，但质量大，成本高。适用于中高速、重载、正反转频繁的传动
滚子链联轴器	结构简单，质量轻，工作可靠，寿命长，装拆方便，且有少量补偿两轴相对偏移性能。用于潮湿、多尘、高温场合，不宜用于启动频繁、经常正反转以及较剧烈冲击载荷的场合
万向联轴器	径向尺寸小，结构紧凑。主要用于两轴夹角较大（$\alpha<45°$）或工作中角位移较大的传动。但若用单个万向联轴器，主、从动轴不同步，从而引起附加动载荷。为使主、从动轴同步，常成对使用万向联轴器。并使中间轴的两个叉子位于同一平面内，主、从动轴与中间轴间的偏斜角相等
球笼式同步万向联轴器	轴向尺寸小，结构复杂，要求精度高，制造困难，主、从动轴同步性好，效率高。用于要求轴向紧凑，主、从动轴同步，两轴间相交角为 $14°\sim18°$ 的传动中

有弹性元件的挠性联轴器，靠弹性元件的弹性变形来补偿两轴轴线的相对偏移，而且可以缓冲减振。常用有弹性元件的挠性联轴器见表 14.3 和表 14.4。

表 14.3　常用有金属弹性元件的挠性联轴器

名　称	特点及应用
蛇形弹簧联轴器	联轴器转矩是通过齿和弹簧传递的,齿为棱形
簧片联轴器	具有高弹性和良好的阻尼性能,结构紧凑,安全可靠,主要用于载荷变化大的场合
弹性杆联轴器	联轴器由圆形截面的金属弹簧钢丝插在两半联轴器凸缘上的孔中。结构简单,价格便宜,弹性元件容易制造,弹性均匀,尺寸小,应用较广泛
膜片联轴器	根据传递转矩的大小,弹性元件由若干个金属膜片叠合成膜片组。其特点是:结构简单,工作可靠,整体性能较好,各元件间无相对滑动,无噪声。但弹性较弱,缓冲减振性能差,主要用于载荷平稳的高速传动
波纹管联轴器	由两个轴套和波纹管组成,结构简单,惯性小,运转稳定

表 14.4　常用有非金属弹性元件的挠性联轴器

名　称	特　点　及　应　用
弹性套柱销联轴器	结构简单,制造容易,装拆方便,成本较低。它适用于转矩小、转速高、频繁正反转、需要缓和冲击振动的地方。弹性套柱销联轴器在高速轴上应用得十分广泛
弹性柱销联轴器	柱销使用尼龙材料、夹布胶木等制造,有一定弹性且耐磨性能好。这种联轴器结构简单,制造方便,成本低。它适用于转矩小、转速高、正反向变化多、启动频繁的高速轴
梅花形弹性联轴器	结构简单,弹性好,价廉,具有良好的减振和补偿位移的能力,使用越来越广泛
轮胎联轴器	结构简单,使用可靠,弹性大,寿命长,不需润滑,但径向尺寸大。可用于潮湿多尘、启动频繁之处

习题 14.2　联轴器如何选用?

【解】　联轴器的类型很多,其中常用的已经标准化。在设计时,先根据工作条件和要求选择合适的类型,然后按轴的直径 d、转速 n 和计算转矩 T_c,从标准中选出所需要的型号和尺寸。必要时对少数关键零件做校核计算。

习题 14.3　离合器有哪些种类,并说明其工作原理及应用。

【解】　按其工作原理,离合器可分为啮合离合器和摩擦离合器等。离合器按其离合方式,又可分为操纵式离合器和自动离合器两种。

离合器应满足下列基本要求:便于接合与分离;接合与分离迅速可靠;接合时振动小;调节维修方便;尺寸小,质量小;耐磨性好,散热好等。

习题 14.4　在带式运输机的驱动装置中,电动机与齿轮减速器之间、齿轮减速器与带式运输机之间分别用联轴器连接,有两种方案:

(1)高速级选用弹性联轴器,低速级选用刚性联轴器。

(2)高速级选用刚性联轴器,低速级选用弹性联轴器。

试问上述两种方案哪个好,为什么?

【解】　方案(1)好。连接电动机和减速器高速轴的联轴器,为了减小启动转矩,应具有较小的转动惯量和良好的减震性能,多采用弹性联轴器。低速级由于转速较低、传递转矩较大,多选用刚性联轴器。

习题 14.5 带式运输机中减速器的高速轴与电动机采用弹性套柱销联轴器。已知电动机功率 $P=11$ kW,转速 $n=970$ r·min^{-1},电动机轴直径为 42 mm,减速器的高速轴的直径为 35 mm,试选择电动机与减速器之间的联轴器。

【解】 根据原动机和工作机的类型,由手册查出工作情况系数 $K=1.5$,求计算转矩

$$T_c = KT = 1.5 \times 9\,550 \frac{P}{n} = 1.5 \times 9\,550 \times \frac{11 \text{ kW}}{970 \text{ r·min}^{-1}} = 162.4 \text{ N·m}$$

根据两轴直径 $d_1=42$ mm、$d_2=35$ mm,由手册选择 TL6 弹性套柱销联轴器 $\frac{\text{ZC42} \times 112}{\text{JB35} \times 82}$。

该联轴器公称转矩 $[T]=250$ N·m$>T_c$,其许用转速 $[n]=3\,800$ r·min$^{-1}>n$,合用。

14.5 自测题

一、填空题

1. 联轴器可分为_____、_____和_____三大类。
2. 联轴器根据_____、_____和_____从标准中选择联轴器的型号和尺寸。
3. 凸缘联轴器是_____联轴器,适用于_____。
4. 角位移最大的联轴器是_____,允许两轴发生较大综合位移的联轴器是_____。
5. 常用的自动离合器有_____、_____和_____。
6. 按照工作状态,制动器分为_____和_____两大类。
7. 制动器通常安装在_____轴上,以减小_____。

二、简答题

1. 联轴器和离合器的工作原理有何异同?
2. 如何选择联轴器的类型和型号?
3. 齿式联轴器为什么能补偿综合位移?
4. 自动离合器有几类,试述它们的工作原理。
5. 试述设计离合器的基本要求。

14.6 自测题参考答案

一、填空题

1. 刚性联轴器　无弹性元件的挠性联轴器　有弹性元件的挠性联轴器
2. 轴的直径 d　轴的转速 n　计算转矩 $T_c=KT$
3. 刚性　两轴对中性较高的场合
4. 万向联轴器　齿式联轴器
5. 安全离合器　离心式离合器　定向离合器
6. 常闭式制动器　常开式制动器
7. 高速　制动力矩

二、简答题

1. 联轴器和离合器都能实现两轴的连接与分离,并进行运动和动力的传递,但是联轴器必须在停机状态通过拆或装才能使被连接的两轴实现分离或结合;而离合器则可在工作状态使两轴随时实现结合或分离。

2. 选择联轴器的类型主要考虑两轴的工作条件,如转速、载荷的大小和性质;两轴的对称情况,以及各类联轴器的特点与应用。联轴器的类型确定后,便可根据轴的直径 d、轴的转速 n 和计算转矩 $T_c = KT$ 从标准中选择所需的型号和尺寸。

3. 齿式联轴器由两个具有外齿的半联轴器和两个具有内齿的外壳通过螺栓连接固连起来,由于外齿轮的齿顶制成球面(球面中心位于轴线上),齿侧又制成鼓形,而且齿侧间隙较大,所以齿式联轴器能补偿两轴间的综合位移,即径向位移、轴向位移和角位移。

4. 自动离合器分为安全离合器、离心离合器和定向离合器三类,安全离合器是当转矩超过允许数值时能自动分离;离心离合器是当主动轴的转速达到某一定值时就自动接合或分离;而定向离合器是当按某一个方向转动时,离合器处于接合状态,反向时则自动分离。

5. 设计离合器时的基本要求是:接合与分离要迅速可靠,接合要平稳,操纵要方便、省力,调节维护方便,尺寸小,质量小,耐磨性、散热性好等。

第 15 章 弹 簧

15.1 基本要求

(1) 了解弹簧的功用和类型。
(2) 了解弹簧的材料、制造及许用应力。
(3) 掌握圆柱形螺旋弹簧的设计,熟悉几何参数、特性曲线、强度和刚度等。

15.2 重点与难点

圆柱形压缩(拉伸)螺旋弹簧的设计计算。

15.3 典型范例解析

例 15.1 举例说明弹簧的主要功用。

【答】 弹簧的主要功用有:
(1)控制机构的运动,如离心式离合器中的控制弹簧、内燃机气缸的阀门弹簧等。
(2)减振缓冲,如汽车、火车车厢下的减振弹簧及自行车车座下的减振弹簧等。
(3)储存及输出能量,如钟表弹簧及枪门弹簧等。
(4)测力的大小,如弹簧秤、测力器等。

例 15.2 有一圆柱螺旋压缩弹簧,已知受压力 $F_1 = 100$ N 时,弹簧高度 $H_1 = 80$ mm;受压力 $F_2 = 150$ N 时,弹簧高度 $H_2 = 60$ mm。求此弹簧的刚度,并画出该弹簧的特性曲线。

【解】 (1) 弹簧的刚度为

$$K_F = \frac{F_2 - F_1}{H_1 - H_2} = \frac{150 \text{ N} - 100 \text{ N}}{80 \text{ mm} - 60 \text{ mm}} = 2.5 \text{ N} \cdot \text{mm}^{-1}$$

弹簧变形量为

$$H = H_1 - H_2 = 20 \text{ mm}$$

(2) 弹簧受压力 $F_1 = 100$ N 时的变形量为

$$\lambda_1 = F_1/K_F = 100 \text{ N}/2.5 \text{ N} \cdot \text{mm}^{-1} = 40 \text{ mm}$$

(3) 弹簧在外载荷为零时的自由高度为

$$H_0 = H_1 + \lambda_1 = 80 \text{ mm} + 40 \text{ mm} = 120 \text{ mm}$$

此弹簧的特性曲线如图 15.1 所示。

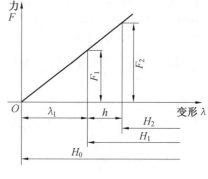

图 15.1

15.4 习题与思考题解答

习题 15.1 设计一压缩弹簧,已知采用 $d=8$ mm 的钢丝制造,$D=48$ mm,该弹簧初始时为自由状态,将它压缩 40 mm 后,需要储能 25 N·mm。求:

(1) 弹簧刚度;

(2) 若许用切应力为 400 MPa 时,此弹簧的强度是否足够;

(3) 工作圈数 n。

【解】 略。

习题 15.2 影响弹簧强度、刚度及稳定性的主要因素各有哪些?为提高强度、刚度和稳定性,可采用哪些措施?

【解】 由公式 $\tau = K\dfrac{8FD}{\pi d^3}$ 可知,影响强度的主要因素有:K 称为曲度系数;$C=D_2/d$ 称为旋绕比(又称弹簧指数)以及簧丝直径 d、弹簧中径 D。为提高强度,可以增大簧丝直径或减小弹簧中径;在载荷和材料一定的情况下,减小 C 可以增大弹簧的强度。

弹簧产生单位变形量所需要的载荷称为弹簧刚度 K(也称弹簧常数),即

$$K = \frac{F}{\lambda} = \frac{Gd}{8C^3n} = \frac{Gd^4}{8D_2^3n}$$

弹簧的刚度是表征弹簧性能的主要参数之一。它表示使弹簧产生单位变形量时所需的力,刚度越大,弹簧变形所需要的力就越大。影响弹簧刚度的因素很多,从公式可知,K 与 C 的三次方成正比,即 C 值对 K 的影响很大,所以合理地选择 C 值,能控制弹簧的弹力。当 C 小时,则弹簧的刚度大,弹簧硬,旋绕制造困难,因此 C 值不宜过小;当 C 大时,则弹簧软,刚度小,旋绕制造容易,但工作稳定性差,易颤动,因此 C 值也不宜过大,一般 $C=4\sim16$。另外,K 还与 G、d、n 有关,在调整弹簧刚度时,应综合考虑这些因素的影响。

弹簧的稳定性与弹簧两端的支承形式有关,对于压缩弹簧,如其细长比 $b=H_0/D$ 较大时,受力后容易失去稳定性而无法正常工作。为便于制造及避免失稳,对于一般压缩弹簧,建议按下列情况选取细长比:当两端固定时,取 $b<5.3$;一端固定,另一端自由转动时,取 $b<3.7$;两端自由转动时,取 $b<2.6$。若 b 不能满足上述条件,且又受结构限制不能重选有关参数时,可外加导向套或内加导向杆来增加弹簧的稳定性。

习题 15.3 现有两个弹簧 A、B,它们弹簧丝直径、材料及有效工作圈数均相同,仅中径 $D_A > D_B$。试问:

(1) 当承受的载荷 F 相同时,哪个变形大?

(2) 当载荷 F 以相同的大小连续增加时,哪个可能先断?

【解】 (1) A 弹簧变形大;

(2) A 弹簧先断。

15.5 自测题

一、选择题

1. 圆柱螺旋拉伸弹簧所受的主要是____应力。
   A. 弯曲　　　　　B. 扭转　　　　　C. 压缩　　　　　D. 拉伸
2. 在下列材料中,不宜用于制造弹簧的是____。
   A. Q235　　　　　B. 65Mn　　　　　C. $60Si_2Mn$　　　　　D. 碳素弹簧钢丝
3. 圆柱螺旋弹簧的旋绕比(弹簧指数)$C=$____。
   A. D/d(D 为弹簧中径,d 为弹簧丝直径)　　B. d/D
   C. D_1/d(D_1 为弹簧内径)　　　　　　　　　D. D_2/d(D_2 为弹簧外径)
4. 弹簧的直径 d 是根据弹簧的_____计算确定的,弹簧的工作圈数是根据弹簧的_____计算确定的。
   A. 强度　　　　　B. 稳定性　　　　　C. 刚度　　　　　D. 旋绕比
5. 圆柱螺旋压缩弹簧的工作圈数增加 1 倍,外载荷和弹簧的其他参数不变时,则其变形量为原来的____。
   A. 1/2　　　　　B. 2 倍　　　　　C. 4 倍　　　　　D. 8 倍

二、填空题

1. 弹簧的主要功用是_____、_____、_____和_____。
2. 按弹簧所受的载荷分类,弹簧可分为_____、_____、_____和_____四种。
3. 用冷卷法制造的弹簧,弹簧丝的直径_____,其热处理方法常采用_____,并安排在弹簧绕制之_____(前,后)。
4. 用热卷法制造的弹簧,弹簧丝的直径_____,其热处理方法常采用_____,并安排在弹簧绕制之_____(前,后)。
5. 圆柱螺旋弹簧的直径 d 是根据弹簧的_____计算确定的,而弹簧的工作圈数 n 是根据弹簧的_____计算确定的。
6. 圆柱螺旋弹簧的旋绕比 $C=$_____,其常用的取值范围是_____。

三、简答题

1. 影响圆柱螺旋弹簧强度、刚度及稳定性的主要因素是什么?为提高弹簧的强度、刚度及稳定性可采用哪些措施?
2. 何谓弹簧的特性曲线?有何作用?

15.6 自测题参考答案

一、选择题

1. B　2. A　3. A　4. A、C　5. B

二、填空题

1. 控制运动　吸振缓冲　储存能量　测力
2. 拉伸　压缩　扭转　弯曲
3. 较小（$d<8$ mm）　低温回火处理　后
4. 较大（$d\geq 8$ mm）　淬火及回火处理　后
5. 强度　刚度（或变形）
6. D/d　$4\sim 16$

三、简答题

1. 影响圆柱螺旋弹簧强度的主要因素有：材料及其载荷种类（影响$[\tau]$）、载荷F、弹簧丝直径d及旋绕比C。提高弹簧强度的有效措施是：加大弹簧丝直径d，采用强度高的材料，适度减小旋绕比C。

影响弹簧刚度的主要因素有：弹簧丝直径d、旋绕比C和工作圈数n。提高弹簧刚度的有效措施是：加大弹簧丝直径d，减小工作圈数n，适度减小旋绕比。

影响弹簧稳定性的主要因素是高径比$b=H_0/D$和刚度、支承形式，为提高弹簧的稳定性，可增加D，从而减少高径比b，采用两端固定式支承或加导杆或导套。

2. 表示弹簧所受的载荷与相应变形之间关系的曲线称为弹簧的特性曲线。弹簧的特性曲线是检验和试验弹簧时的依据，因此要绘制在弹簧的工作图中。

第 16 章 机架零件

16.1 基本要求

了解机架的一般类型及其材料和制造方法、机架的设计准则和一般要求。

16.2 重点与难点

16.2.1 重 点

本章重点是机架类型、制造及其设计准则和一般要求。

1. 机架的一般类型(表 16.1)

表 16.1 机架的一般类型

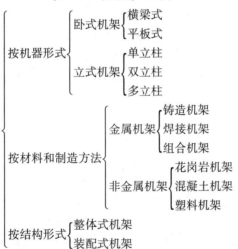

有时常用机架构造外形将其分为机座类、箱体类、机板类和框架类。

2. 机架材料和制造方法

(1) 机架材料。机架铸造材料常采用普通灰铸铁、球墨铸铁与变性灰铸铁、铸钢等;轻质机架常采用铝合金材料;机架焊接材料常采用型钢和钢板。

(2) 制造方法。从经济性和工艺性出发,成批且结构复杂的机架采用铸造;少量采用焊接;大型单件可采用铸造、焊接或拼焊结构。

3. 机架的设计准则和一般设计要求

(1) 刚度要求。

(2) 强度要求。

(3) 合理选择截面形状,适当布置加强筋,提高机架的相对强度和刚度。

(4) 稳定性要求。

(5) 工业美学要求。

(6) 成本、维修、寿命等其他要求。

16.2.2 难　点

1. 截面形状的合理选择

主要受弯曲的零件以选用工字形截面为好,其相对的弯曲强度和刚度都为最大;主要受扭转的零件,以选用圆管形截面为最好,空心矩形次之。机架受载情况一般比较复杂,综合考虑各方面情况,以选用空心矩形截面比较有利。

2. 壁厚的选择

在满足强度、刚度、振动稳定性及铸造工艺性等要求情况下,尽量选用较小的壁厚。间壁和筋的厚度一般为主壁厚的60%~80%。

16.4　习题与思考题解答

习题 16.1　机架零件有哪些分类?

【答】　按机器形式可分为卧式机架和立式机架两种。其中卧式机架又分横梁式和平板式;立式机架又分为单立柱、双立柱和多立柱。按材料和制造方法,可分为金属机架和非金属机架两类,其中金属机架又分为铸造机架、焊接机架和组合式机架;非金属机架又分花岗岩机架、混凝土机架和塑料机架。按结构形式可分为整体式机架和装配式机架。在通用机械设计中,更常用的是按机架构造外形的不同,将机架分为机座类、箱体类、机板类和框架类四类。

习题 16.2　机架零件的常见形状有哪些?

【答】　机座类、箱体类、机板类和框架类。

习题 16.3　机架设计的准则和一般设计要求有哪些?

【答】　(1)刚度要求;

(2)强度要求;

(3)合理选择截面形状和恰当布置肋板,使同样质量下机架的强度和刚度得以提高;

(4)稳定性要求;

(5)工业美学要求;

(6)其他要求:选材、成本、工艺等。

习题 16.4　在选择机架零件的截面形状、间壁和肋时,应注意哪些问题?

【答】　选择截面形状时,主要受弯曲的零件,以选用工字形截面为好;主要受扭转的零件,从强度方面考虑,以选用圆管形截面为最好,空心矩形的次之;仅从刚度方面考虑,以选用空心矩形截面的为最合理;综合考虑各方面情况,以选用空心矩形截面比较有利。正确地增设间壁和肋板,可以有效地增大基座和箱体的强度和刚度;如果肋板布置不当,不仅不能增大机座和箱体的强度与刚度,反而会造成浪费工料及增加制造的难度。

习题 16.5 壁厚选择时应注意哪些问题?

【答】 一般来说,选择壁厚时,应满足如下要求:

(1) 机架强度、刚度和振动稳定性方面的要求。

(2) 制造工艺性的要求。

在满足上述要求的前提下,尽量选用较小的厚度;间壁和肋板的厚度一般为主壁厚度的 60%～80%,肋板的高度约为主壁厚的 5 倍。

习题 16.6 造型设计中结构设计的基本要求是什么?

【答】 (1) 造型合理;

(2) 具有足够的强度和刚度;

(3) 加工工艺性好;

(4) 便于机架内部零件的安装。

16.5 自测题

填空题

(1) 对于受动载荷的机架零件,通过采用合理的_____形状,可以提高它的吸振能力。

(2) 一般来说,成批生产且结构复杂的零件以_____为宜;单件或少量生产,且生产期限较短的零件则以_____为宜。

(3) 为了便于附装其他零件,将机架的截面形状以_____为基础是有利的。

(4) 对于结构形状复杂、受外界影响因素多的机架零件,在经验设计的基础上,还要用_____或实物进行实验测试,以便用测试的数据进一步修改结构与尺寸;对于重要的机架零件,可用_____方法仿真计算,它是目前较精确决定机架零件结构尺寸的现代设计方法。

16.6 自测题参考答案

填空题

(1) 截面

(2) 铸造　焊接

(3) 空心矩形

(4) 模型　有限元

第17章 机械速度波动调节和回转件的平衡

17.1 基本要求

(1) 了解飞轮调速原理,掌握飞轮转动惯量的简易计算方法。
(2) 了解机械非周期性速度波动、调节的基本概念和方法。
(3) 了解刚性转子的静平衡和动平衡的原理、试验方法及计算方法。

17.2 重点与难点

17.2.1 重 点

本章重点是速度波动的调节和回转件的平衡。

1. 飞轮设计的基本原理

(1) 机械运转的平均速度和不均匀系数。
(1) 机械运转的平均速度可由下式求出

$$\omega_m = \frac{1}{T}\int_0^T \omega \, dt$$

(2) 速度不均匀系数 δ 用来表示机械速度波动的程度,即

$$\delta = \frac{\omega_{max} - \omega_{min}}{\omega_m}$$

(2) 飞轮转动惯量的计算。
飞轮的转动惯量可由下式求出

$$J = \frac{A_{max}}{\omega_m^2 \delta} = \frac{900 A_{max}}{\pi^2 n^2 \delta}$$

(3) 最大盈亏功 A_{max} 的确定。
最大盈亏功是指机械系统在一个运动循环中能量变化的最大值,在 $M'-\varphi$ 和 $M''-\varphi$ 曲线中两者包围的面积对应为区间内的输入功与输出功之差,在整个运动循环中,最大动能与最小动能对应点之间的代数和即是最大盈亏功,但不一定等于系统盈功或亏功的最大值。

2. 刚性转子的静平衡和动平衡的原理及计算方法

(1) 刚性转子的平衡原理。
(2) 刚性转子的平衡设计计算。

17.2.2 难　点

1. 计算飞轮转动惯量时,最大盈亏功的确定

若给出作用在主轴上的驱动力矩 M' 和阻力矩 M'' 的变化规律,M'-φ 曲线与横坐标轴所包围的面积表示驱动力矩所做的功(输入功);M''-φ 曲线与横坐标所包围的面积表示阻力矩所做的功(输出功),在某个区间内输入功与输出功的代数差为该区域的盈亏功,正号为盈功,负号为亏功,通过盈亏功的最大值和最小值可以找到系统的最大速度 ω_{max} 与最小速度 ω_{min},该两个位置的动能之差即是最大盈亏功 A_{max}。

2. 飞轮的设计计算中应注意的问题

(1) 驱动力矩 M'、阻力矩 M''、等效转动惯量 J_e 为常数时,则 ω 为常数,机械处于等速稳定运转状态,不需要飞轮调速。

(2) 驱动力矩 M'、阻力矩 M''、等效转动惯量 J_e 为变量时,则 ω 是变化的,机械处于周期变速稳定运转状态,需要安装飞轮进行调速。

3. 刚性转子静平衡和动平衡的原理及计算方法

(1) 刚性转子的平衡原理。

① 对于轴向尺寸与径向尺寸之比小于 0.2 的盘形回转件,例如,齿轮、飞轮等,其惯性力的平衡问题实质上是一个平面交汇力系的平衡问题,即静平衡问题。静平衡为单面平衡,即在同一个平面内用增减平衡质量的方法,使其质心回到轴线上。

② 对于轴向尺寸与径向尺寸之比大于等于 0.2 的回转件,例如,发动机曲轴、汽轮机转子等,其回转时各偏心质量产生的惯性力是一个空间力系,将形成惯性力矩。由于这种惯性力矩只有在转子转动时才能表现出来,所以需要对转子进行动平衡,即不仅要平衡各偏心质量产生的惯性力,而且要平衡惯性力形成的力矩。动平衡为双面平衡,即在两个平衡基面内用增减平衡质量的方法来使构件获得平衡。

(2) 刚性转子的动平衡设计计算。计算步骤如下:

① 按其结构形状及尺寸确定出各不平衡质量的大小及方位。
② 计算各不平衡量的质径积。
③ 选择两个平衡基面(人为选择,一般为易于进行增减质量操作的面)。
④ 分别在每个平衡基面建立质径积的平衡方程。
⑤ 用图解法或解析法求解出需要加减的平衡质量的大小和方位。

17.3　典型范例解析

例 17.1　已知某机械稳定运转时的等效驱动力矩 M_d 和等效阻力矩 M_r,如图 17.1 所示,机械的等效转动惯量为 $J_e = 1 \text{ kg} \cdot \text{m}^2$,等效驱动力矩 $M_d = 30 \text{ N} \cdot \text{m}$,机械稳定运转开始时等效构件的角速度 $\omega_0 = 25 \text{ rad} \cdot \text{s}^{-1}$。试确定:

(1) 等效构件运转时的运动规律 $\omega(\varphi)$;
(2) 速度不均匀系数 ζ;
(3) 最大盈亏功 A_{max};

(4) 若要求 $[\delta] = 0.05$,系统是否满足要求?如果不满足,求安装飞轮的转动惯量 J_F。

【解】 (1) 机械处于稳定运转状态时,驱动力矩所做的功与阻力矩所做的功相等,即 $\int_0^{2\pi} M_d \mathrm{d}\varphi = \int_0^{2\pi} M_r \mathrm{d}\varphi$

$$M_r = \begin{cases} 0 & 0 \leqslant \varphi < \pi/2 \\ 120 & \pi/2 \leqslant \varphi \leqslant \pi \\ 0 & \pi < \varphi \leqslant 2\pi \end{cases}$$

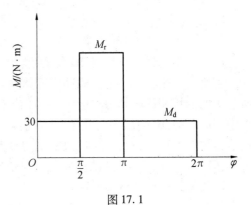

图 17.1

机械运转过程中,在任一时间间隔 $\mathrm{d}t$ 内,所有外力所做的功应等于机械系统的动能增量 $\mathrm{d}E$,即 $\mathrm{d}W = \mathrm{d}E$, $\frac{1}{2}J_e\omega^2 - \frac{1}{2}J_e\omega_0^2 = \int_0^\varphi (M_d - M_r)\mathrm{d}\varphi$,则等效构件稳定运转时的运动规律为

$$\omega = \begin{cases} \sqrt{625 + 60\varphi} & 0 \leqslant \varphi < \pi/2 \\ \sqrt{625 + 120\pi - 180\varphi} & \pi/2 \leqslant \varphi \leqslant \pi \\ \sqrt{625 - 120\pi + 60\varphi} & \pi < \varphi \leqslant 2\pi \end{cases}$$

(2) 计算驱动力矩与阻力矩曲线交点处的动能。

$$E_{\frac{\pi}{2}} = E_0 + \frac{1}{2}\pi M_d = E_0 + 15\pi$$

$$E_\pi = E_{\frac{\pi}{2}} - \left(\pi - \frac{1}{2}\pi\right) \times (M_{max} - M_d) = E_0 - 30\pi$$

$$E_{2\pi} = E_\pi + (2\pi - \pi) \times M_d = E_0$$

由此可以看出,在 $\pi/2$ 处系统的角速度最大,在 π 处系统的角速度最小。

$$\omega_{max} = \omega\left(\frac{\pi}{2}\right) = 26.82 \text{ rad} \cdot \text{s}^{-1}$$

$$\omega_{min} = \omega(\pi) = 20.89 \text{ rad} \cdot \text{s}^{-1}$$

$$\omega_m = \frac{1}{2}(\omega_{max} + \omega_{min}) = 23.855 \text{ rad} \cdot \text{s}^{-1}$$

所以速度不均匀系数为

$$\delta = \frac{\omega_{max} - \omega_{min}}{\omega_m} = \frac{26.82 \text{ rad} \cdot \text{s}^{-1} - 20.89 \text{ rad} \cdot \text{s}^{-1}}{23.855 \text{ rad} \cdot \text{s}^{-1}} = 0.25$$

(3) 求最大盈亏功。

$$\Delta A_{max} = E_{max} - E_{min} = E_{\frac{\pi}{2}} - E_\pi = 45\pi = 141.37 \text{ N} \cdot \text{m}$$

(4) 若要求 $[\delta] = 0.05$,由于 $\delta = 0.25 > [\delta] = 0.05$,系统不能满足要求。飞轮的惯量为

$$J_F = \frac{\Delta A_{max}}{\omega_m^2 [\delta]} - J_e = \frac{141.37 \text{ N} \cdot \text{m}}{(23.855 \text{ rad} \cdot \text{s}^{-1})^2 \times 0.05} - 1 \text{ kg} \cdot \text{m}^2 = 3.97 \text{ kg} \cdot \text{m}^2$$

例 17.2 高速印刷机的凸轮轴系由三个互相错开 120°的偏心轮组成,每一偏心轮的质量为 m,其偏心矩为 r,其他尺寸如图 17.2 所示。设在平衡面 A 和 B 上各装一个平衡质量 m_A 和 m_B,其回转半径为 $2r$,试求 m_A 和 m_B 的大小。

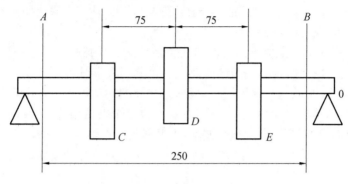

图 17.2

【解】 各不平衡质量的质径积为

$$m_C r_C = m_D r_D = m_E r_E = mr$$

将各不平衡质量的质径积分别等效到平衡基面 A 和 B 上,即

$$(m_C r_C)_A = \frac{200mr}{250} = 0.8mr, \quad (m_D r_D)_A = \frac{125mr}{250} = 0.5mr, \quad (m_E r_E)_A = \frac{50mr}{250} = 0.2mr$$

$$(m_C r_C)_B = \frac{50mr}{250} = 0.2mr, \quad (m_D r_D)_B = \frac{125mr}{250} = 0.5mr, \quad (m_E r_E)_B = \frac{200mr}{250} = 0.8mr$$

分别在平衡基面 A 和 B 上进行静平衡计算(取 OC 为 x 轴)

$$(\overrightarrow{m_A r_B})_A + (\overrightarrow{m_C r_C})_A + (\overrightarrow{m_D r_D})_A + (\overrightarrow{m_E r_E})_A = 0$$

$$(\overrightarrow{m_B r_B})_B + (\overrightarrow{m_C r_C})_B + (\overrightarrow{m_D r_D})_B + (\overrightarrow{m_E r_E})_B = 0$$

$$\begin{cases} (\overrightarrow{m_A r_B})_{Ax} + (\overrightarrow{m_C r_C})_{Ax} + (\overrightarrow{m_D r_D})_{Ax} + (\overrightarrow{m_E r_E})_{Ax} = 0 \\ (\overrightarrow{m_A r_B})_{Ay} + (\overrightarrow{m_C r_C})_{Ay} + (\overrightarrow{m_D r_D})_{Ay} + (\overrightarrow{m_E r_E})_{Ay} = 0 \end{cases}$$

$$\begin{cases} (m_A r_B)_A \cos\theta + \frac{4}{5}mr + \frac{1}{2}mr\cos 240° + \frac{1}{5}mr\cos 120° = 0 \\ (m_A r_B)_A \sin\theta + \frac{1}{2}mr\sin 240° + \frac{1}{5}mr\sin 120° = 0 \end{cases}$$

$$\begin{cases} (m_A r_B)_A \cos\theta = -\frac{9}{20}mr \\ (m_A r_B)_A \sin\theta = \frac{3\sqrt{3}}{20}mr \end{cases}$$

$$(m_A r_B)_A = \sqrt{\left(-\frac{9}{20}mr\right)^2 + \left(\frac{3\sqrt{3}}{20}mr\right)^2} \approx 0.5mr, \quad m_A = 0.25m$$

整个结构是对称的,根据对称关系,可知 $m_B = 0.25m$。

17.4 习题与思考题解答

习题 17.1 何谓机器运转的周期性速度波动及非周期性速度波动？两者的性质有何不同？各用什么方法加以调节？

【答】 当作用在机械上的外力做周期性变化时，机械的输出部件角速度也做周期性的变化。机械的这种有规律的、周期性的速度变化称为周期性速度波动。当这种速度波动是随机的、不规则的，没有一定周期时，则称为非周期性速度波动。两者的性质区别在于：周期性速度波动具有周期性，在整周期内输入功与输出功相等，但在周期内的某段内输入功与输出功不相等；非周期性速度波动，不具有周期性输入功与输出功不相等。周期性速度波动可以在结构中增加一个飞轮进行调节，而非周期性速度波动通过调速器进行调整。

习题 17.2 为什么说经过静平衡的转子不一定是动平衡的，而经过动平衡的转子必定是静平衡的？

【答】 静平衡是一种单面平衡，当转子转动起来后会由于空间力系产生的惯性矩引起动平衡问题；而动平衡是一种双面平衡，动平衡已使不平衡质量的惯性力之和及惯性力矩之和都为零。由此可见，经过动平衡的构件，其不平衡质量的惯性力之和与惯性力矩之和已经为零，也就是说，已经达到了静平衡。

习题 17.3 何谓转子的静平衡和动平衡？对于任何不平衡转子，采用在转子上加平衡质量使其达到静平衡的方法是否对改善支反力总是有利的？为什么？

【答】 转子的静平衡：在转子一个校正面上进行校正平衡，以保证转子在静态时是在许用不平衡量的规定范围内，又称单面平衡。转子的动平衡：在转子两个校正面上同时进行校正平衡，校正后的剩余不平衡量，以保证转子在动态时是在许用不平衡量的规定范围内，又称双面平衡。采用在转子上加平衡质量使其达到静平衡的方法并不是总有利的，因为对于任何不平衡转子，采用在转子上加平衡质量使其达到静平衡的方法，消除了因转子径向不平衡在运转时所产生的离心力对支承的振动，但不能消除转子在回转时由于动不平衡引起的动压力。

习题 17.4 已知某轧钢机的原动机功率等于常数，$P' = 1\,912.3$ kW，钢材通过轧辊时消耗的功率等于常数，$P'' = 4\,000$ kW，钢材通过轧辊的时间 $t'' = 5$ s，主轴平均转速 $n = 80$ r·min^{-1}，机械运转速度不均匀系数 $\delta = 0.1$。求：

(1) 安装在主轴上的飞轮的转动惯量；
(2) 飞轮的最大转速和最小转速；
(3) 此轧钢机的运转周期。

【解】 (1) $J = \dfrac{A_{max}}{\omega_m^2 \delta} = \dfrac{900 A_{max}}{\pi^2 n^2 \delta} = \dfrac{900(P''-P')t''}{\pi^2 n^2 \delta} = 1\,489 \times 10^3$ kg·m^2

(2) $\omega_{max} = \omega_m \left(1 + \dfrac{\delta}{2}\right) = \dfrac{2\pi n}{60} \times 1.05 = 8.792$ rad·s^{-1}

$\omega_{min} = \omega_m \left(1 - \dfrac{\delta}{2}\right) = \dfrac{2\pi n}{60} \times 0.95 = 7.955$ rad·s^{-1}

第 17 章 机械速度波动调节和回转件的平衡

(3) 由于 $T \times P' = P'' \times t''$,则 $T = \dfrac{4\,000 \text{ kW} \times 5 \text{ s}}{1\,912.3 \text{ kW}} = 10.46$ s

习题 17.5 某机组稳定地运转于一个运动中,作用在主轴上的阻力矩 M'' 的变化规律如图 17.3 所示。已知驱动力矩 M' 为常数,主轴平均角速度 $\omega_m = 20$ rad·s^{-1},机械运转速度不均匀系数 $\delta = 0.01$,求驱动力矩 M' 和安装在主轴上的飞轮的转动惯量。

【解】 由于驱动力矩为常数,因此其在力矩曲线中为一条直线,在整个工作周期内,驱动力矩所做功为 $2\pi M'$,应等于周期内阻力矩所做功

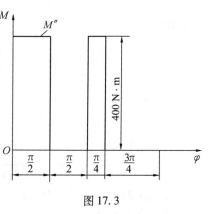

图 17.3

$$M''\dfrac{\pi}{2} + M''\dfrac{\pi}{4} = 2\pi M', \quad M' = \dfrac{3}{8}M'' = 150 \text{ N·m}$$

最大盈亏功发生在 $0 \sim \pi/2$ 区间内,即

$$A_{\max} = (M'' - M')\dfrac{\pi}{2} = 125\ \pi$$

$$J = \dfrac{A_{\max}}{\omega_m^2 \delta} = \dfrac{125\pi}{(20 \text{ rad·s}^{-1})^2 \times 0.01} = 98.17 \text{ kg·m}^2$$

习题 17.6 图 17.4 所示刚性转子是否符合动平衡条件,为什么?

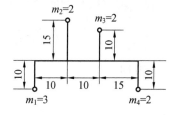

图 17.4

【解】 题中的质径积分别为

$$m_1 r_1 = 30, \quad m_2 r_2 = 30, \quad m_3 r_3 = 20, \quad m_4 r_4 = 20$$

分别选择 m_1 所在平面及 m_4 所在平面为平衡基面,在平面 m_1 处

$$m_1 r_1 - m_2 r_2 \dfrac{25}{35} - m_3 r_3 \dfrac{15}{35} = 30 - 30 \times \dfrac{25}{35} - 20 \times \dfrac{15}{35} = 0$$

在平面 m_4 处

$$m_4 r_4 - m_2 r_2 \dfrac{10}{35} - m_3 r_3 \dfrac{20}{35} = 20 - 30 \times \dfrac{10}{35} - 20 \times \dfrac{20}{35} = 0$$

习题 17.7 一单缸卧式煤气机如图 17.5 所示,在曲柄轴的两端装有两个飞轮 A 和 B。已知曲柄半径 $R = 250$ mm 及换算到曲柄销 S 的不平衡质量为 50 kg。欲在两飞轮上各装一平衡质量 m_A 和 m_B,其回转半径 $r = 600$ mm,试求 m_A 和 m_B 的大小和位置。

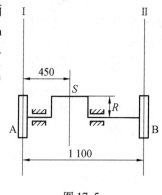

图 17.5

【解】 取两个飞轮所在平面为平衡基面。

A 所在平衡基面 I:

设平衡质量 A 的向径与 x 轴夹角为 θ_I 即

$$\vec{F}_{SI} = \vec{m_S r_S}\dfrac{1\,100 - 450}{1\,100} = 50 \text{ kg} \times 250 \text{ mm} \times \dfrac{13\vec{r_S}}{22 r_S} \text{ kg·mm}$$

$$\vec{F}_{\text{A I}} = m_{\text{A}}\vec{r}_{\text{A}} = m_{\text{A}} \times 600\,\frac{\vec{r}_{\text{A}}}{r_{\text{A}}}\,\text{kg}\cdot\text{mm}$$

x 方向

$$\vec{F}_{\text{A I}}\cos\theta_{\text{I}} + \vec{F}_{\text{S I}}\cos 90° = 0$$
$$\cos\theta_{\text{I}} = 0$$

y 方向

$$\vec{F}_{\text{A I}}\sin\theta_{\text{I}} + \vec{F}_{\text{S I}}\sin 90° = 0$$

$$m_{\text{A}} = -\frac{\vec{F}_{\text{S I}}}{r_{\text{A}}\sin\theta_{\text{I}}} = -\frac{12\,500\,\text{kg}\cdot\text{mm}\times\frac{13}{22}}{600\sin\theta_{\text{I}}}$$

可知 $\theta_{\text{I}} = 270°$,$m_{\text{A}} = 12.31$ kg。

B 所在平衡基面 II：

设平衡质量 B 的向径与 x 轴夹角为 θ_{II}，即

$$\vec{F}_{\text{S II}} = m_{\text{S}}\vec{r}_{\text{S}}\frac{450}{1\,100} = 50\,\text{kg}\times 250\,\text{mm}\times\frac{9}{22}\frac{\vec{r}_{\text{S}}}{r_{\text{S}}}\,\text{kg}\cdot\text{mm}$$

x 方向

$$\vec{F}_{\text{B II}}\cos\theta_{\text{II}} + \vec{F}_{\text{S II}}\cos 90° = 0$$
$$\cos\theta_{\text{II}} = 0$$

y 方向

$$\vec{F}_{\text{B II}}\sin\theta_{\text{II}} + \vec{F}_{\text{S II}}\sin 90° = 0$$

$$m_{\text{B}} = -\frac{\vec{F}_{\text{S II}}}{r_{\text{B}}\sin\theta_{\text{II}}} = -\frac{12\,500\,\text{kg}\cdot\text{mm}\times\frac{9}{22}}{600\sin\theta_{\text{II}}}$$

可知 $\theta_{\text{II}} = 270°$,$m_{\text{B}} = 8.52$ kg。

习题 17.8 如图 17.6 所示盘形回转件上存在三个偏置质量，已知 $m_1 = 10$ kg, $m_2 = 15$ kg, $m_3 = 10$ kg, $r_1 = 50$ mm, $r_2 = 100$ mm, $r_3 = 70$ mm，设所有不平衡质量分布在同一回转平面内，问应在什么方位上加多大的平衡质径积才能达到平衡？

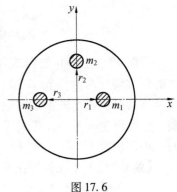

图 17.6

【解】 静平衡方程

$$m_1\vec{r}_1 + m_2\vec{r}_2 + m_3\vec{r}_3 + m\vec{r} = 0$$

设平衡质量的向径与 x 轴的夹角为 θ，即

x 方向

$$m_1 r_1 - m_3 r_3 + mr\cos\theta = 0$$

y 方向

$$m_2 r_2 + mr\sin\theta = 0$$

$$mr\cos\theta = m_3 r_3 - m_1 r_1 = 10\,\text{kg}\times 70\,\text{mm} - 10\,\text{kg}\times 50\,\text{mm} = 200\,\text{kg}\cdot\text{mm}$$

第17章 机械速度波动调节和回转件的平衡

$$mr\sin\theta = -m_2 r_2 = -15 \text{ kg} \times 100 \text{ mm} = -1\,500 \text{ kg}\cdot\text{mm}$$

平衡质量为

$$mr = \sqrt{(-1\,500 \text{ kg}\cdot\text{mm})^2 + (200 \text{ kg}\cdot\text{mm})^2} = 1\,513.3 \text{ kg}\cdot\text{mm}$$

θ 位于第四象限，即

$$\cos\theta = \frac{200 \text{ kg}\cdot\text{mm}}{1\,513.3 \text{ kg}\cdot\text{mm}} = 0.132\,2$$

平衡质量的方位为

$$\theta = 277.59°$$

习题 17.9 如图 17.7 所示，同一 xOy 平面内两质量分别为 $m_1 = 8 \text{ kg}$、$m_2 = 4 \text{ kg}$，绕 O 轴等角速旋转，转速 $n = 300 \text{ r}\cdot\text{min}^{-1}$，$r_1 = 80 \text{ mm}$，$r_2 = 110 \text{ mm}$，$a = 80 \text{ mm}$，$b = 40 \text{ mm}$。试求：

（1）由于旋转质量的惯性力而在轴承 A 和 B 处产生的动压力 R_A 和 R_B（大小和方向）；
（2）应在此平面上什么方向加多大平衡质量（半径 $r_B = 10 \text{ mm}$），才能达到静平衡。

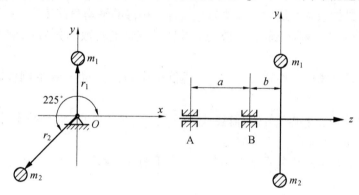

图 17.7

【解】 （1）静平衡方程

$$m_1\vec{r}_1 + m_2\vec{r}_2 + m\vec{r} = 0$$

x 方向

$$-m_2 r_2 \cos(225°-180°) + mr\cos\theta = 0$$

$$mr\cos\theta = 440 \times \frac{\sqrt{2}}{2} \text{ kg}\cdot\text{mm} = 220\sqrt{2} \text{ kg}\cdot\text{mm}$$

y 方向

$$m_1 r_1 - m_2 r_2 \sin(225°-180°) + mr\sin\theta = 0$$

$$mr\sin\theta = (220\sqrt{2} - 640) \text{ kg}\cdot\text{mm}$$

$$mr = \sqrt{(220\sqrt{2} \text{ kg}\cdot\text{mm})^2 + (220\sqrt{2} \text{ kg}\cdot\text{mm} - 640 \text{ kg}\cdot\text{mm})^2} = 452.8 \text{ kg}\cdot\text{mm}$$

与 x 轴夹角为 $134°$。

$$F = m\omega^2 r = mr\frac{\pi^2 n^2}{900} = 446.4 \text{ N}$$

m 引起的惯性力恰好为 m_1 和 m_2 惯性力的合力，因此

$$F \cdot b + R_A a = 0, \quad F \cdot (a+b) + R_B a = 0$$
$$R_A = -223.2 \text{ N}, \quad R_B = -669.6 \text{ N}$$

方向始终与 m 的惯性力方向相反。

(2) $\quad m\, r_B = 452.8 \text{ kg} \cdot \text{mm}, \quad m = 45.28 \text{ kg}$

$$\tan\theta = \frac{220\sqrt{2}\text{ kg}\cdot\text{mm} - 640 \text{ kg}\cdot\text{mm}}{220\sqrt{2}\text{ kg}\cdot\text{mm}} = -1.057$$

17.5 自 测 题

填空题

(1) 机械速度波动的类型有_____和_____两种。前者使用_____调节,后者一般使用_____调节。

(2) 最大盈亏功是指机械系统在一个运动周期中的_____与_____的差值。

(3) 一个机械系统的最大盈亏功为 A_{max},等效构件的平均角速度为 ω_m,系统的许用速度不均匀系数为 $[\delta]$,未加飞轮时系统的等效转动惯量的常数部分为 J_e,则飞轮的转动惯量 $J_F \geq$ _____。

(4) 达到动平衡的刚性转子_____是静平衡的;达到静平衡的刚性转子_____是动平衡的。

(5) 刚性转子静平衡计算时,需要选_____个平衡面;而动平衡计算时,需要选_____个平衡基面。

(6) 交流异步电动机的平衡应为_____平衡,因为其_____较大。

17.6 自测题参考答案

填空题

(1) 周期性速度波动　非周期性速度波动　飞轮　调速器

(2) 最大动能　最小动能

(3) $\dfrac{A_{max}}{\omega_m^2 [\delta]} - J_e$

(4) 一定　不一定

(5) 1　2

(6) 动　宽径比

第18章 机械传动系统方案设计

18.1 基本要求

(1) 了解传动装置在机器中的作用与分类。
(2) 掌握传动方案的拟定要求、传动类型的选择及方案创新设计。

18.2 重点与难点

18.2.1 重点

(1) 传动装置的作用及类型。
(2) 常用机械传动的特点、性能和适用范围。
(3) 机械传动方案设计的一般原则。

18.2.2 难点

1. 传动形式的选择及各级传动或机构的排序

对于小功率的传动宜选带传动、链传动、普通精度的齿轮传动;高速、大功率长期工作的传动应选用齿轮传动;要求尺寸紧凑时,应选用齿轮传动、蜗杆传动、行星齿轮传动;噪声受到严格限制时,应优先选择带传动、蜗杆传动、摩擦传动或螺旋传动。

带传动一般应安排在运动链的高速级;斜齿轮应安排在高速级,直齿轮安排在低速级;简单的摩擦轮位于低速级,复杂结构的摩擦传动位于高速级;等速回转的运动机构相比非等速回转的机构更适用于高速级;闭式传动较开式传动更有利于高速级;转变运动形式的传动机构应位于运动链末端,如螺旋传动、连杆机构和凸轮机构。

2. 传动比的分配

带传动不适宜进行多级传动;齿轮传动比 $i \geq 8$ 时,一般应设计成两级传动;$i > 40$ 时,常设计为两级以上传动;对于减速的多级传动,按照"前大后小"的原则分配传动比。

18.3 典型范例解析

例18.1 设计牛头刨床切削运动机构。动作要求:将连续回转运动转为往复直线运动,刨头在切削过程中的移动速度近似于等速,有良好的传力特性。

【解】 (1) 基础机构的选择:可供选择的基础机构有螺旋机构、齿轮齿条机构、直动推杆凸轮机构、曲柄滑块机构等。根据传力的要求,我们应选择低副形式。因此,选择输出运动为往复移动的曲柄滑块机构或摇杆滑块机构作为基础机构。

(2) 机构的构型:前置输入机构要能为基础机构的曲柄或摇杆提供一非匀速的运动。前置机构与基础机构组合后的牛头刨床切削运动机构如图 18.1 所示。

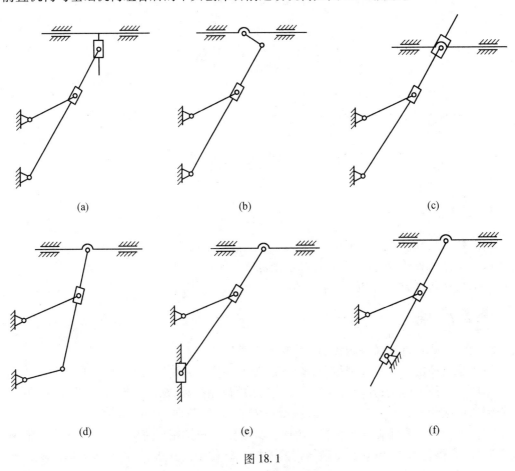

图 18.1

18.4 习题与思考题解答

习题 18.1 简要介绍机械传动系统方案设计的一般原则。

【答】 ①有限选用基本机构;②采用尽可能短的运动链;③尽量减小机构尺寸;④选择合适的运动副形式;⑤使机械具有调节某些运动参数的能力;⑥使执行系统具有良好的传力和动力特性;⑦考虑动力源的形式;⑧应使机械具有较高的机械效率;⑨合理安排不同类型传动机构的顺序;⑩合理分配传动比;⑪保证机械的安全运转。

习题 18.2 下列减速传动方案有何不合理之处?
(1) 电动机→链→直齿圆柱齿轮→斜齿圆柱齿轮→工作机。
(2) 电动机→开式直齿圆柱齿轮→闭式直齿圆柱齿轮→工作机。
(3) 电动机→齿轮→V 带→工作机。

【答】 (1) 因为链传动有多边形效应,速度有波动,不适合放在高速级;斜齿圆柱齿轮传动较直齿轮的传动更平稳,应将直齿圆柱齿轮传动置于斜齿圆柱齿轮之后。

修改后的方案:电动机→斜齿圆柱齿轮→直齿圆柱齿轮→链→工作机。

(2) 闭式齿轮传动具有良好的润滑环境,更适合用于高速级,因此应该将开式直齿圆柱齿轮置于低速级,将闭式直齿圆柱齿轮置于高速级。

修改后的方案:电动机→闭式直齿圆柱齿轮→开式直齿圆柱齿轮→工作机。

(3) 带传动不适宜放在低速级,应该放在高速级。因为 $P=Fv$,速度越大,所需带轮与V带间的摩擦力越小。

修改后的方案:电动机→V带→齿轮→工作机。

习题 18.3 设计一个圆工作台的传动装置,要求此工作台能够绕其中心做定轴转动,先向一个方向转180°,立即反转180°,然后停车。全部动作完成时间为20 s,电动机转速为960 r·min^{-1},选出传动方案及类型,确定各级传动比及主要参数,画出此传动装置简图,不要求进行强度计算。

【答】 执行机构的确定:本设计要求实现一个往复运动,因此具有往复运动的机构都有可能使用在此机构的执行机构中。本题中就使用最简单、最常见的曲柄滑块机构来实现这一运动。圆工作台的运动性质为双向等角度的转动,需要把曲柄滑块运动的往复直线运动转换为往复转动,使用齿轮齿条机构可以实现这一运动,其中具有如下的约束关系:曲柄滑块的行程 $L=\pi d$,其中 d 为与圆形平台同轴齿轮的分度圆直径。

传动机构的确定:圆形工作台完成一次180°正转,一次180°反转为一个运动周期20 s,执行机构的角速度 $\omega_n=\frac{2\pi}{T}=\frac{\pi}{10}$,电动机的角速度为 $\omega_1=\frac{2\pi n}{60}=32\pi$,系统的总传动比 $i=\frac{\omega_n}{\omega_1}=\frac{32\pi}{\frac{\pi}{10}}=320$。传动方案使用传动比为320的蜗杆传动。机构运动简图如图18.2所示。

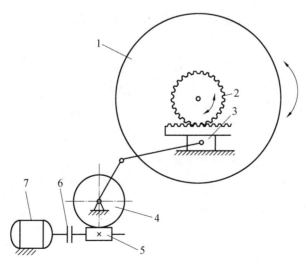

图 18.2

1—圆形工作台;2—齿轮;3—齿条;4—蜗轮;5—蜗杆;6—联轴器;7—电机

参 考 文 献

[1] 王瑜,敖宏瑞. 机械设计基础[M]. 5版. 哈尔滨:哈尔滨工业大学出版社,2015.
[2] 邓宗全,于红英,王知行. 机械原理[M]. 3版. 北京:高等教育出版社,2015.
[3] 陈明,刘福利,于红英. 机械原理学习指导与习题解答[M]. 北京:高等教育出版社, 2016.
[4] 申永胜. 机械原理教程[M]. 3版. 北京:清华大学出版社,2015.
[5] 宋宝玉,王黎钦. 机械设计[M]. 北京:高等教育出版社,2010.
[6] 姜洪源,闫辉. 机械设计试题精选与答题技巧[M]. 哈尔滨:哈尔滨工业大学出版社, 2015.
[7] 焦映厚. 机械原理试题精选与答题技巧[M]. 6版. 哈尔滨:哈尔滨工业大学出版社, 2015.
[8] 张锋. 机械设计思考题与习题解答[M]. 北京:高等教育出版社,2010.
[9] 申永胜. 机械原理学习与指导[M]. 3版. 北京:清华大学出版社,2015.
[10] 郭维林,刘东星. 机械原理(第七版)同步辅导及习题全解[M]. 北京:中国水利水电出版社,2009.
[11] 陆品,秦彦斌. 机械原理导教、导学、导考[M]. 6版. 西安:西北工业大学出版社, 2004.
[12] 邹慧君. 机械原理习题集[M]. 北京:高等教育出版社,1985.
[13] 李瑞琴. 机械原理同步辅导与习题全解[M]. 北京:电子工业出版社,2011.
[14] 王继荣,师忠秀. 机械原理习题集及学习指导[M]. 2版. 北京:机械工业出版社, 2012.
[15] 翟敬梅,邹焱飚. 机械原理学习及解题指导[M]. 北京:中国轻工业出版社,2011.